Ernst Peter Fischer
Einstein trifft Picasso und geht mit ihm ins Kino

SERIE PIPER

Zu diesem Buch

Viele Menschen stehen irritiert vor Pablo Picassos berühmten Bildern. Und noch mehr Menschen sind ratlos angesichts der großen physikalischen Theorien Albert Einsteins. Ernst Peter Fischer, der erfolgreiche »Bildungs-Entertainer«, hat sich eine raffinierte Methode ausgedacht, um hier Abhilfe zu schaffen und zugleich die Entstehung der Moderne zu erklären. Einstein und Picasso sind jeweils die Leitfiguren der modernen Wissenschaft und der modernen Kunst im 20. Jahrhundert. In Picassos Kubismus wird alles zur Geometrie. Bei Einstein kommt die Zeit als vierte Dimension hinzu, was wiederum die Kunst beeinflußt hat. Seit Beginn des 20. Jahrhunderts leben wir in einer Raum-Zeit-Welt. Was das bedeutet, wie Kunst und Wissenschaft darin zusammenkommen, wie Einstein und Picasso und durch sie auch die Entstehung der Moderne verstanden werden können, das zeigt Ernst Peter Fischer in seinem anregenden und unterhaltsamen Buch.

Ernst Peter Fischer, geboren 1947 in Wuppertal, studierte Mathematik, Physik und Biologie und promovierte 1977 am California Institute of Technology. Nach seiner Habilitation lehrt er Wissenschaftsgeschichte an der Universität Konstanz. Als Wissenschaftspublizist schreibt er für GEO, Bild der Wissenschaft, Die Weltwoche und die Frankfurter Allgemeine Zeitung. Fischer ist Autor zahlreicher Bücher, darunter der Bestseller »Die andere Bildung«. Zuletzt erschien von ihm »Einstein für die Westentasche«. Weiteres zum Autor: www.epfischer.com

Ernst Peter Fischer

Einstein trifft Picasso und geht mit ihm ins Kino

oder Die Erfindung der Moderne

Mit 16, zum Teil farbigen Abbildungen

Piper München Zürich

Von Ernst Peter Fischer liegen in der Serie Piper vor:
Leonardo, Heisenberg & Co. (3486)
Werner Heisenberg (3701)
Aristoteles, Einstein & Co. (4321)
Einstein, Hawking, Singh & Co. (4436)
Einstein trifft Picasso und geht mit ihm ins Kino (4832)

Ungekürzte Taschenbuchausgabe
November 2006

Umschlag/Bildredaktion: Büro Hamburg
Heike Dehning, Charlotte Wippermann,
Alke Bücking, Daniel Barthmann
Umschlagabbildung/Collage: Pablo Picasso (»Frau mit Hut«, 1935;
Succession Picasso/VG Bild-Kunst, Bonn 2006/akg-images)
und Granger Collection/Ullsteinbild
Foto Umschlagrückseite: dpa Bilderdienst/Uwe Zucchi
Satz: Kösel, Krugzell
Druck und Bindung: Clausen & Bosse, Leck
Printed in Germany
ISBN-13: 978-3-492-24832-7
ISBN-10: 3-492-24832-2

www.piper.de

Inhalt

Eine einheitliche Front alles Bildens und Forschens (Naturwissenschaft, Philosophie, Literatur, Kunst und Musik) ist vorhanden. Betrachtet man wissenschaftliche Fotos, Mikrofotos, Diagramme in planiger oder skulptureller Art, so fällt eine gewisse Ähnlichkeit mit den Formungen innerhalb der neuzeitlichen Kunst auf […].
Die äußere Ähnlichkeit von Kunstwerken mit solchen Dingen, die Forschen und Wissen ins Sichtbare und Tastbare (durch Modelle, Diagramme und so weiter) übersetzen, bleibt an der Oberfläche.
Die tiefliegenden Beziehungen sind damit nicht aufgedeckt, nur angedeutet.

WILLI BAUMEISTER,
Das Unbekannte in der Kunst, Stuttgart 1947, S. 118f.

Wer nur die Wissenschaft versteht,
versteht auch die nicht recht.

(frei nach Georg Christoph Lichtenberg)

Vorbemerkung

Die Entstehung dieses Buches geht zum einen auf die Lektüre von Arthur I. Millers Werk *Einstein, Picasso – Space, Time, and the Beauty That Causes Havoc* zurück, das 2001 in New York erschienen ist und in dem der Nachweis versucht wird, daß direkte – über Personen vermittelte thematische – Verbindungen zwischen Albert Einstein und Pablo Picasso bestanden haben. Sie sollen das synchrone Auftreten der Erneuerungen von Kunst und Wissenschaft erklären, die wir mit den Namen des Malers und des Physikers verbinden. Und zum zweiten verdankt sich das Schreiben deses Textes einem Vortrag über *Raum und Raumwahrnehmung um 1900 in Wissenschaft und Kunst*, den Michael Heidelberger im Jahr der Lebenswissenschaften (2001) in Berlin gehalten hat und in dem tiefergehende (philosophische) Strukturen gesucht wurden, die der doppelten Modernisierung unserer Kultur zugrunde liegen könnten. Ich hielt damals Ausschau nach anderen als den traditionellen Wegen für die Vermittlung von Wissenschaft und war zu der Meinung gekommen, daß die dazu nötige Darstellung einer Einheit dieses Bemühens nicht ohne Anleihen bei der Kunst gelingen kann. Als Folge davon wurde zuerst mit Günter Jeschonnek und dann mit Bastian Clevé die Idee diskutiert, Einsteins Einsichten in einem fiktiven Dialog mit Picasso vorzuführen. Ich danke beiden für ihre Geduld und Ermutigungen und verspreche, an diesem Aspekt weiterzuarbeiten, bei dem noch Schwierigkeiten bestehen. In der Zwischenzeit gab ich meinem schon mehrfach gehaltenen Vortrag über *Gemeinsamkeiten in der Geschichte von Kunst und Wissenschaft* einen neuen Titel. Er hieß zuerst *Einstein trifft Picasso und redet über Rilke,* bevor daraus die hier verwendete Fassung mit dem Kino und ohne den Dichter wurde. Als ich im Dezember 2003 Gelegenheit erhielt, sie in München vorzustellen, saß im Publikum Klaus Stadler vom Piper Verlag, der mich daraufhin ermutigte, daraus das vorliegende Buch zu machen. Ich danke Herrn Stadler und dem Verlag herzlich für die Möglichkeit dazu. Daß sich das Thema lohnt, hat mir gegenüber Christiane Schmidt betont, die selbst eine Untersuchung über *Kandinskys physikalische Kreise* (Weimar 2002) publiziert hat und hierin »Kunst als Medium naturwissenschaftlicher Erkenntnis« vorstellt. Eine erste Fassung des Manuskripts ist kritisch von Kathrin Kurz durchgesehen worden, der ich für die dabei gemachten Anregungen danke.

Konstanz, im April 2005 *Ernst Peter Fischer*

1 »War das gestern oder war 's im vierten Stock?«

Annäherungen in und an Raum und Zeit

Wer sagt, »Einstein und Picasso haben sich getroffen«, und dazu keine weitere Erläuterung abgibt, der meint, daß sich der Physiker und der Künstler irgendwo im Raum – konkret: an einem bestimmten Ort wie etwa Berlin oder Paris, zum Beispiel in einem Kino – begegnet sind und miteinander gesprochen haben. Wer solch ein Ereignis näher ausmalen oder auf die Bühne bringen möchte, hätte zuerst die Frage zu beantworten, in welcher Sprache sich der Schwabe und der Andalusier denn unterhalten hätten, wobei Englisch auf jeden Fall ausfällt. Damit kamen beide nicht zurecht. Aber wir brauchen uns darum nicht weiter zu bemühen, denn zu solch einer Begegnung oder gar einem Dialog ist es leider nie gekommen, wie die biographische Forschung gern beteuert und wiederholt nachweist und wie nicht bestritten werden soll.

Doch der Satz »Einstein trifft Picasso« kann auch etwas anderes bedeuten. Er kann ausdrücken, daß sich die beiden überragenden und nahezu jedermann bekannten Genies der Wissenschaft und der Kunst irgendwann in der Zeit – konkret: in einem festzustellenden Abschnitt ihres Lebens und Schaffens – berührt und vergleichbar agiert haben, und zwar ohne besondere räumliche Nähe. Zwar legen vor allem Darstellungen des Künstlerlebens Wert auf die Feststellung, daß zwischen Picassos Werken und Einsteins Ideen keinerlei Verbindung besteht und sich in beiden Fällen nur unabhängige Tendenzen im kreativen Schaffen zeigen. Doch darf man die Frage stellen, ob einer von ihnen zu einer anderen – früheren – Epoche dieselben Ergebnisse vorgelegt hätte? Oder hängt die Leistung gerade unserer Größten von der Zeit ab, in der sie leben?

Wenn die Zeit eine Rolle in diesem Sinne spielt, warum soll man dann übersehen, daß sich Kunst und Wissenschaft im gleichen kurzen historischen Zeitraum – nämlich in den ersten Jahrzehnten des 20. Jahrhunderts – entscheidend wandeln und modern werden, indem sie beide den Weg in die Abstraktion antreten? Und warum kann man diese Erkenntnis nicht nutzen, um durch eine vergleichende Betrachtung der beiden Entwicklungen sowohl die eine als auch die andere besser zu verstehen? Warum soll man nicht darauf hoffen, bei diesem Versuch den Blick auf eine innere Quelle werfen zu können, von der aus die beiden Formen der geistigen Produktivität strömen, die sich bzw. wir als Kunst und Wissenschaft ausdrücken?

Das kulturelle Paar hängt fest und eng zusammen, denn Wissenschaft ohne Kunst bleibt inhuman, und Kunst ohne Wissenschaft wirkt lächerlich, wie es der amerikanische Schriftsteller Raymond Chandler einmal ausgedrückt hat. Er mußte als Autor von Kriminalromanen sowohl wissen, welche Dosis einen Stoff zum Gift macht, als auch fähig sein, aus dem Rohstoff des Verbrechens die Verführung der Literatur werden zu lassen, und sich insofern in beiden Sphären auskennen.

Chandlers Gegenüberstellung von kreativer Lächerlichkeit und rationaler Inhumanität will sicher sagen, daß Kunst und Wissenschaft gleichberechtigt sind. Der »große Gedanke«, wie Chandler seine Einsicht selbst genannt hat, will aber auch ausdrücken, daß wir die Wissenschaft besser verstehen, wenn wir sie nicht anonymen Kollektiven in sterilen Laboratorien zuschreiben, sondern in ihr dieselben kreativen Individuen am Werk sehen, die wir in der Kunst ganz selbstverständlich erwarten. Und er will weiter sagen, daß wir der Kunst näherkommen können, wenn wir etwas von den rational zugänglichen und nachvollziehbaren Gedanken erfahren, die Maler oder Bildhauer an- und umtreiben müssen, bevor sie ihr schöpferisches Tun beginnen.

Wir würden diesen Weg zur Zusammenführung gerne betreten und nutzen dazu aus, daß sich Picasso und Einstein in der Zeit wirkungsvoll getroffen haben, und zwar nicht nur einmal, sondern gleich zweimal (Tab. 1). In beiden Fällen haben Einstein und Picasso das jeweils von ihnen bearbeitete Feld – die Physik und die Malerei – bereichert, erweitert und erneuert. In der Kunst ist dabei die Stilrichtung des Kubismus entstanden (Abb. 1, 2, 3). Sie verdankt ihren Namen dem »Kubus«, mit dem ein Würfel benannt

TABELLE 1

Einstein trifft Picasso in der Zeit

	Albert Einstein (1879–1955)	Pablo Picasso (1881–1973)
Um 1905	Wunderjahr der Physik	Stilwende zum analytischen Kubismus
Um 1912	Ein neues Weltbild	Ein neuer (synthetischer) Kubismus

wird. Er bringt uns unmittelbar in die Welt der Zahlen und Figuren, die in der Wissenschaft als Geometrie bekannt ist. Um eine Raumvermessung – so die Übersetzung von »Geometrie« – geht es zur gleichen Zeit in der Wissenschaft Einsteins, dem die Beschreibung der physikalischen Welt gelingt, die wir heute als Relativitätstheorie kennen und an die wir immer mit dem Gefühl denken, daß wir sie nicht verstehen (ein Gedanke, der uns vor kubistischen Bildern nicht unbedingt quält). Der erste Teil des Wortes Relativitätstheorie drückt einen wesentlichen Befund Einsteins aus. Er hat bemerkt, daß – salopp gesprochen – Raum und Zeit eng genug zusammenhängen, um beide als vergleichbare Dimensionen ansehen zu können, wobei die Grundidee solch einer Relation schon älter ist. Sie findet sich spätestens bei Alexander von Humboldt, der in seinem *Kosmos* den Hinweis gibt, daß der Blick, den er an den Himmel richtet, nicht nur in den Raum, sondern auch in die Zeit reicht. Wir sehen die Sterne und andere Himmelkörper nicht, wie sie jetzt sind. Wir sehen nur, wie sie waren, als das Licht, das bei uns auf der Erde eintrifft, von ihnen ausging. Jedes Blicken in den Raum ist ein Blicken in der Zeit. Diese beiden Grundgegebenheiten hängen also zusammen, und Einstein gelingt es, diese Beziehung (Relation) genauer auszuarbeiten und präzise anzugeben. Er findet die überprüfbare mathematische Verbindung zwischen Raum und Zeit, die sie endgültig relativ zueinander macht – auch wenn unser Alltagsverstand nach wie vor damit Schwierigkeiten hat.

Mit diesen Hinweisen haben wir zwar die Relativitätstheorie noch nicht verstanden, aber in ihrem Rahmen und mit diesen Vorgaben können wir einem tatsächlichen Treffen von Einstein und Picasso in der Zeit und einem nur vorgestellten Treffen der beiden im Raum eine vergleichbare Bedeutung zuweisen. Dies soll hier geschehen.

Zwei physikalische Größen

Wenn im Alltag von Raum und Zeit die Rede ist, meinen wir zumeist etwas Konkretes wie einen festliegenden Ort, an dem zu einer bestimmten Stunde ein Treffen vereinbart ist (und zu dem wir etwa in einem Großraumwagen der Bundesbahn fahren können). Einsteins Theorien von Raum und Zeit fangen noch auf dieser Ebene des alltäglichen Erlebens an, lösen sich aber bald von Zimmern und Zeittafeln (Fahrplänen) ab, um allgemeinere Eigenschaften zu erfassen. Doch so abstrakt seine Mathematik auch wird, bei Einstein geht es immer um meßbare Größen einer physikalischen Wirklichkeit (so, wie es für Picasso immer um wahrnehmbare Größen einer sichtbaren Wirklichkeit geht). Für den Raum greift man zum Beispiel zu einem Zollstock (einer Meßlatte) und für die Zeit nimmt man eine Uhr. Damit kann man ganz einfach anfangen, und bei Einstein fängt alles höchst einfach an. So definiert er zum Beispiel Zeit als das, was eine Uhr anzeigt. Dabei spielt es keine Rolle, ob wir unterschiedlich auf dieselbe Zeitdauer reagieren – etwa am Ende eine Fußballspiels, wenn für einige Zuschauer der Sekundenzeiger viel zu schnell rennt, während er für andere unendlich langsam schleicht.

Auch das Wort »Raum« bezeichnet etwas Meßbares – mit entsprechenden Meß- oder Maßstäben –, aber in der Physik versteht man darunter mehr als ein Zimmer, dessen Höhe, Breite und Länge man feststellt, selbst wenn es Besprechungs*raum* heißt. Während Zeit das ist, was uns erlaubt, nacheinander etwas zu tun, ist Raum das, was uns erlaubt, nebeneinander zu agieren. Wenn es heißt, Raum ist in der kleinsten Hütte, meint man damit, daß es überall genug Platz gibt. Das ist zwar noch nicht der Raum, um den es sich bei Einstein handelt, aber mit diesem Ausdruck läßt sich gut verstehen, was in der Physik gemeint ist. Dort kümmert man sich um das, worin alles – die ganze Welt, das ganze Universum – Platz hat. Raum meint die Ausdehnung des Weltalls, die sich auch im kleinen bemerkbar macht. Sie sorgt nämlich dafür, daß zwei Menschen nebeneinander Platz finden können, wenn sie sich an einem Ort treffen – Einstein und Picasso zum Beispiel, falls sie zusammen ein Kino besucht hätten.

Zwei Treffen und Formen

Was wäre gewesen, wenn sie sich bei solch einer Gelegenheit getroffen und ihre Ideen ausgetauscht hätten? Worüber hätten sie in den Jahren um 1905 reden können und wollen?

Damals modernisiert Einstein seine Wissenschaft der Physik umfassend, indem er zustande bringt, was er selbst »revolutionär« nennt und weshalb die Historiker und wir mit ihnen das Jahr 1905 als Wunderjahr (»annus mirabilis«) feiern (Tab. 2). Zur gleichen Zeit arbeitet Picasso nach Abschluß seiner sogenannten Blauen und dem kurzen Zwischenspiel einer nachfolgenden Rosa Periode an dem *Bildnis Gertrude Stein* (Abb. 1) und läßt auf diesem Gemälde erste Schritte zu der Stilrichtung hin erkennen, die wir schon als Kubismus benannt haben. In dieser Malweise wird zum ersten Mal versucht, die gezeigten Gegenstände durch einige Grundformen zu erfassen, die ihre Herkunft in der Geometrie haben. Picasso praktiziert also ein zeichnendes Zerlegen nach kubischen (kubistischen) Mustern, weshalb Kunsthistoriker seine Malweise dieser Epoche als analytischen Kubismus bezeichnen.

TABELLE 2

Die fünf Arbeiten von 1905, mit denen Einstein die Grundlage für das moderne Verständnis der Atome und des Lichts (1–3) legt und die Relativitätstheorie (4) begründet. In der fünften Arbeit stellt er die Verbindung zwischen Masse (m) und Energie (E) her, die zur berühmtesten Gleichung der Welt geworden ist: $E = mc^2$, wobei c die Geschwindigkeit des Lichts darstellt.

1) »Über einen die Erzeugung und Verwandlung des Lichtes betreffenden heuristischen Gesichtspunkt«, in: *Annalen der Physik,* Band 17, S. 132–148; eingegangen am 18. März 1905.

2) »Eine neue Bestimmung der Moleküldimensionen«, Dissertation, beendet am 30. April 1905, Bern (später geringfügig verändert erschienen unter dem gleichen Titel in: *Annalen der Physik,* Band 19 (1906), S. 289–306).

3) »Über die von der molekularkinetischen Theorie der Wärme geforderte Bewegung von in ruhenden Flüssigkeiten suspendierten Teilchen«, in: *Annalen der Physik,* Band 17, S. 549–560; eingegangen am 11. Mai 1905.

4) »Zur Elektrodynamik bewegter Körper«, in: *Annalen der Physik,* Band 17, S. 891–921; eingegangen am 30. Juni 1905.

5) »Ist die Trägheit eines Körpers von seinem Energieinhalt abhängig?«, in: *Annalen der Physik,* Band 18, S. 639–641; eingegangen am 27. September 1905.

Kurze Erläuterung zur Tabelle:
1905 veröffentlichte Einstein innerhalb eines Jahres fünf Arbeiten, mit denen die Physik rundum erneuert wurde. Er wies nach, daß es Atome wirklich gibt. Er zeigte, wie man sie zählt. Er machte deutlich, daß noch niemand verstanden hatte, was passiert, wenn Licht auf einen festen Körper trifft. Er erklärte, warum es unmöglich ist, von zwei Ereignissen, die an unterschiedlichen Orten stattfinden, zu behaupten, sie seien gleichzeitig. Und er stellte die Überlegung an, an deren Ende die Äquivalenz von Energie und Masse steht, also die berühmte Formel $E = mc^2$, bei der er sich zunächst nicht ganz sicher war, ob sie richtig sei. Er wußte nicht, »ob der Herrgott nicht darüber lacht und mich an der Nase herumgeführt hat«, wie er einem Freund 1905 schrieb.

Abb. 1 BILDNIS GERTRUDE STEIN (1905/6)
Ein Witzbold hat einmal gesagt, daß der Weg zur Moderne mit vielen Steinen gepflastert ist – Einstein, Frankenstein, Wittgenstein und Gertrude Stein (1874–1946). Die aus den USA stammende Schriftstellerin hat an der Harvard-Universität bei dem amerikanischen Philosophen William James Psychologie studiert, bevor sie 1902 nach Paris gekommen ist. Zu den Grundgedanken von James gehört die Idee, daß wir Gegenstände unserer Wahrnehmung (Stühle, Gesichter) dadurch erkennen, daß wir uns zu jedem betrachteten Objekt eine ihm ähnliche Standardform ausdenken (herstellen) und das Gesehene in Gedanken schritt-

weise in sie überführen. Die Standardformen sind uns dabei von Natur aus gegeben. Sie sind also angeboren, weshalb dieser Standpunkt als »Nativismus« bezeichnet wird. Da es sicher nicht unsinnig ist, den Standardformen der Dinge eine geometrische Ordnung zu geben, stellt die Philosophie von James einen theoretische Begründung für den Kubismus dar. Vielleicht haben der Maler (Picasso) und sein Modell (Gertrude Stein) darüber gesprochen, als das Bildnis entstand.

In Paris führte Getrude Stein einen Salon, der zum Treffpunkt der Moderne wurde, wie es in Lexika heißt. In ihm konnte man Picasso ebenso antreffen wie Hemingway. In ihren Dichtungen hat Gertrude Stein einige psychologische Theorien ihres Lehrers umzusetzen versucht. James hatte etwa die von Menschen erlebte Wirklichkeit als einen »Strom des Bewußtseins« beschrieben. Um solche Vorstellungen literarisch auszudrücken, wählte Gertrude Stein die Wiederholung von Satzfragmenten. Über amerikanische Städte hat sie geschrieben: »There is no there there«, was nur notdürftig übersetzt werden kann – etwa als »dort gibt es kein dort vor Ort«. Zu ihren berühmtesten Sätzen (aus der Erzählung »Die Welt ist rund« von 1939) gehört die Reihung »A rose is a rose is a rose« – »Eine Rose ist eine Rose ist eine Rose«. Dabei gilt zu beachten, daß die erste »Rose« im amerikanischen Original ein Mädchenname ist. Unabhängig davon haben sich Wissenschaftshistoriker durch diesen Satz inspirieren lassen. Die Frage, was ein Gen sei, beantworten sie gern mit dem Satz: »Ein Gen ist ein Gen ist ein Gen.«

Die zweite kreative Zeitgenossenschaft zwischen Einstein und Picasso ist für die Jahre um den Ausbruch des Ersten Weltkriegs zu melden, in denen der Physiker seinem Denken über den Kosmos eine umfassendere Dimension verleiht, die ihn am Ende des Ersten Weltkriegs zum äußerst populären Weltweisen werden läßt. Und während Einstein uns mit seinen damals entworfenen Theorien die bis heute gültigen Ansichten zum Kosmos – unser modernes Weltbild – liefert, gibt Picasso seiner Malweise erneut eine veränderte Richtung. Er findet zu einer neuen Form, die wir synthetischen Kubismus nennen (Abb. 3), wobei sich dieser Name aus der Tatsache erklärt, daß die Bilder ihren jeweiligen Gegenstand nicht ganz – nicht als Ganzes – zeigen. Den Gesamteindruck herzustellen bleibt Aufgabe des Betrachters, der aus den einzelnen Ansichten, die das Werk ihm bietet, den Gegenstand zusammenstellen (synthetisieren) muß, um ihn erkennen zu können. Synthetisch-kubistische Bilder erinnern uns daran, daß wir auch im Alltag einen Gegenstand nie ganz sehen, sondern unser vollständiges Bild von ihm aus den verschiedenen Ansichten entsteht, die wir im Laufe der Zeit von ihm bekommen können (und im Gedächtnis behalten).

Zur Erinnerung: Das Wort »Kubismus« ist 1908 entstanden. Es diente zunächst zur Beschreibung einiger Werke von Georges Braque, fand aber bald Anwendung auf die früher von Picasso gemalten *Les Demoiselles d'Avignon*, die 1907 abgeschlossen wurden (Abb. 2). In kubistischen Bildern sind die geometrischen Gebilde unübersehbar, von denen Paul Cézanne in Briefen um 1904 geschrieben hat. Kubistisches Malen fing also ohne diese Bezeichnung mit seinem Vorschlag an, in der Natur Zylinder, Kugel und Kegel – also geometrische Grundstrukturen – zu sehen und diese Formen entsprechend perspektivisch darzustellen.

Wenn Motive nach diesen Prinzipien malerisch gestaltet werden, sprechen Kunsthistoriker heute allgemein von kubistischen Bildern, und es ist von Anfang an aufgefallen, daß einige von ihnen die Betrachter trotz aller Abstraktion ungewöhnlich fesseln können. Die hohe und unverbrauchte Attraktivität kubistischer Bilder brachte den in Paris weilenden Rainer Maria Rilke in den Jahren

Abb. 2 LES DEMOISELLES D'AVIGNON (1907)
Die Damen von Avignon sind sehr groß – Picassos Bild mißt jeweils über zwei Meter in Länge und Breite –, was zeigt, daß der Platz gebraucht wurde, um Ideen auszudrücken. Wir sehen fünf Damen, die sich sowohl klassisch als auch modern zeigen. Klassisch ist die Art, wie sie stehen (Standmotiv), modern ist sowohl die Betonung der inneren Geometrie als auch das Einbeziehen der äußeren Zeit. Die Geometrie betrifft dabei die Figuren und den Hintergrund, der gar nicht als solcher in Erscheinung tritt und sich eher eigenständig zwischen die Menschenformen drängt. Man kann fast sagen, daß der Raum diese Formen vorgibt oder bewirkt, und wenn man dies so ausdrückt, beschreibt man eine Grundeinsicht der Relativitätstheorie, wie im Laufe des Haupttextes beschrieben werden wird. Der Raum gibt sogar ein wenig von seiner Farbe (Blau und Weiß) an die Personen weiter, die zum Teil merkwürdig verdreht erscheinen. Damit kommt die

Zeit ins Bild, die ja nur eine äußere Dimension meinen kann. Im Bild selbst vergeht sie nicht. Auf ihm zeigt sich nur ein Augenblick, wobei dieses Wort auch bezeichnet, wie ein Betrachter das Bild ansieht, mit und in einem Augenblick. Was wir auf Picassos Bild gleichzeitig sehen – etwa wenn wir auf den unmöglich verdrehten Körper der Dame rechts unten blicken, der wir sowohl ins Gesicht als auch auf den Rücken schauen können –, zeigt sich uns im Raum der Wirklichkeit durch eine Bewegung in der Zeit. Die Zeit wird in Picassos Bild zum Raum, und wer das physikalisch ausdrücken will, kann sagen, das Bild wird zu einem Bezugskörper, im Hinblick auf den es überhaupt erst sinnvoll ist, von Gleichzeitigkeit zu sprechen. Das Bild zeigt zwar etwas, was es in der physikalischen Wirklichkeit nicht gibt. Aber im Hinblick auf die Dimension der Zeit sind Kunst und Wissenschaft diametral, denn während die Physik konstatieren muß, daß die Zeit vergeht, versucht der Künstler sie festzuhalten – in seinem Werk.

Noch eine Anmerkung zu Picassos Arbeitsweise, die zackige Linien, scharfe Umrisse, kantige Stücke und zahlreiche Zergliederungen zeigt: Das Bild besteht auf jeden Fall aus vielen Teilen, die aber deutlich einen Gesamteindruck bewirken, der immer stärker wird und zur Frage führt, ob es überhaupt die Teile gibt, die man zu sehen meint. Damit wird ganz anschaulich, was die moderne Physik der Atome heute als Teil der Wirklichkeit akzeptiert, daß nämlich die Realität im Innersten der Welt verschränkt ist, womit gemeint ist, daß es dort nur ein Ganzes gibt, in dem sich die Teile gar nicht nachweisen lassen, aus dem es besteht und von denen unsere Sprache kündet.

Die moderne Wissenschaft zeigt uns eine verschränkte (ganze) Welt, in der unter anderem der Raum und die Dinge untrennbar eng zusammenhängen. Wer versuchen würde, die Personen und Gegenstände aus dem von Picasso gezeigten Zimmer zu entfernen, würde den Raum mitnehmen. Genau das sagt Einstein über die Welt. Wir sehen es hier im Bild.

Abb. 3 LE VIOLON (1913/14)
Während im analytischen Kubismus das, was im Außenraum der Realität nacheinander passiert, gleichzeitig vorgeführt wird (vgl. Abb. 2, *Les Demoiselles d'Avignon)*, greift der synthetische Kubismus auf nacheinander mögliche Ansichten im Innenraum der Imagination zurück. Die Gegenstände werden unstet (quasi in

Form von Bedeutungsquanten) zerlegt und scheinbar zufällig kombiniert (wobei anzumerken ist, daß die moderne Neurophysiologie nachweist, daß unser Gehirn einen Gegenstand bei der Betrachtung so zerlegt, wie es die synthetischen Kubisten tun). Auf jeden Fall gilt »alles ist Geometrie«, wie im Haupttext noch ausführlich im Hinblick auf die Möglichkeit erläutert wird, Einsteins allgemeine Theorie der Relativität in einem Satz zusammenzufassen.

---

des Ersten Weltkriegs zu der Vermutung, daß ihre geometrischen Formen sehr tief reichen, daß sie »die Bildstruktur gewissermaßen bloßlegen« und »das subcutane Netz unter der Bildhaut an's Licht schälen«. Denn »unter ihrem blühenden Gesicht sind natürlich alle Bilder irgendwie kubistisch gewesen in ihren Grundlagen und Geweben«, wie er im August 1917 an Elisabeth Taubmann geschrieben hat.[1]

Seine Worte klingen für naturwissenschaftlich geschulte Ohren so, als ob sie die Bildstruktur meinen, die sich bei Menschen, wenn sie etwas sehen, in ihrem Gehirn aufbaut, und die moderne Neurobiologie kann und wird das bestätigen. Wie wir noch erläutern werden, zerlegt unser visueller Apparat im Kopf die mit den Augen betrachtete Szene in Kreise, Ringe, Linien, Kanten und andere geometrisch definierte Gebilde. Wir sehen analytisch-kubistisch von Natur aus, und aus diesem Grund fühlen wir uns zu der Vermutung berechtigt, daß wir damit den biologischen Grund für unser Gefallen an den dazugehörigen Bildern kennen.

»Alles ist Geometrie«

Wenn es erlaubt ist, Rilkes Anmerkung, daß »alle Bilder irgendwie kubistisch« sind, in einem schlichten Satz zusammenzufassen, dann könnte er lauten: »Alles ist geometrisch darstellbar«, oder noch einfacher: »Alles ist Geometrie.« Tatsächlich kann man mit diesem Satz, der Picassos Bilder um 1910 erfaßt, zugleich auf knappste Weise zusammenfassen, was Einstein mit Hilfe seiner kosmologischen Theorie erkennt, die er in den Jahren zwischen 1912 und 1915 zum Abschluß bringt. Die drei Worte »alles ist Geometrie« sind jedenfalls sehr viel näher an Einsteins Leistung als deren Beschreibung durch die Aussage »alles ist relativ«, die ähnlich strukturiert und vielfach zu hören ist, die aber trotzdem leer und nichtssagend bleibt.

Als Picasso dem Kubismus eine neue Form gibt, weitet Einstein seine zunächst eher bescheidene spezielle Relativitätstheorie von 1905 zu ihrer grandiosen allgemeinen Form aus, in der so manches passiert, gegen das sich der gesunde Menschenverstand vehement wehrt. Doch wenn der *common sense* Einstein verstehen will, muß er sich daran gewöhnen, daß ihm der Raum nicht so geradlinig und rechtwinklig vor Augen tritt wie ein Renaissancebau oder ein Wolkenkratzer aus der Schule der Bauhausarchitekten. Die Wirklichkeit ist nicht so glatt, wie einem der Rasen in einem Fußballstadion erscheinen mag, solange man ihn nur aus ausreichend großer Distanz sieht. Der Raum ist eher so gekrümmt wie die Oberfläche des Fußballs, mit dem gespielt wird, und das Licht durchquert den Kosmos nicht wie ein Flachschuß, der wie mit einem Lineal gezogen auf das Tor zufliegt. Es bewegt sich eher wie ein Freistoß, der um eine Mauer herumgezirkelt wird, oder wie eine Flanke, die wie eine Bogenlampe den Weg in den Strafraum findet.

Bleiben wir noch einen Augenblick bei der gekrümmten Oberfläche eines Fußballs oder – besser – eines Globus. Mit ihrer Hilfe läßt sich erläutern, wie aus der Geometrie des Raumes die Dynamik einer Bewegung werden kann. In Einsteins Modell der Welt stellt der Raum unserer Erfahrung die dreidimensionale Oberfläche eines vierdimensionalen Gebildes namens Raumzeit dar. Natürlich überfordert solch eine Wirklichkeit unsere Vorstellungskraft. Aber eine Dimension tiefer kennen wir uns aus, und da stellen wir uns unsere Welt als zweidimensionale Oberfläche einer dreidimensionalen Realität vor. Solch eine Oberfläche kann man sich leicht gekrümmt denken – so wie den erwähnten Globus, mit dem folgendes Gedankenexperiment möglich wird. Jemand begibt sich zum Nordpol und läßt dort zwei Kügelchen loslaufen, die sich zum Südpol hin bewegen. Wenn sie dort zusammentreffen, wird ein Beobachter melden, daß sich die beiden Massen gegenseitig angezogen haben, und er wird damit beginnen, eine Theorie der Gravitation aufzustellen. Doch tatsächlich braucht man die Schwerkraft zur Erklärung der Bewegung nicht. Die beiden Kügelchen sind nämlich aufeinander zugerollt, weil die Krümmung des Raumes ihnen gar keine andere Wahl läßt. Die Geometrie bestimmt, wie sich Körper aufeinander zu bewegen. Sie ist die Ursache der Kraft, die wir spüren und messen können.

Keine Frage: Von dem gesunden Menschenverstand wird viel verlangt, um so etwas Einfaches wie die Anziehungskraft von Massen zu verstehen. Es muß ihm schwerfallen, dem Raum eine neue (aktive) Rolle zuzugestehen. Er wehrt sich dagegen, wenn Einstein aus einem eher langweiligen und einfach bloß vorhandenen Schuhkarton, in dem wir und unsere Welt Platz finden, ohne sonst etwas mit ihm zu tun zu haben, ein agierendes Gebilde macht, dessen Struktur für die Kraft sorgt, mit der sich zwei Körper anziehen. Der Raum der Relativitätstheorie wird aktiv und aktivierbar zugleich, denn auch umgekehrt sorgen die von ihm umfangenen materiellen Gebilde und deren Energie dafür, daß er überhaupt geformt wird und der Raum entsteht, den wir alle brauchen (und die *Demoiselles d'Avignon* führen uns diese Dynamik anschaulich vor Augen). Einstein hat diesen merkwürdigen Zusammenhängen eine poetische Form gegeben, als er sich in Gedanken an den Anfang der Zeit zurückbegab und sich bei dem Versuch beobachtete, das Weltall auszumisten. Das klappte jetzt nicht mehr so einfach, wie man sich das vor Einsteins Tagen vorgestellt hat. In seinen Worten, die man sich möglichst oft vor Augen und Ohren führen sollte: »Früher hat man geglaubt, wenn alle Dinge aus der Welt verschwinden, so bleiben nur noch Raum und Zeit übrig. Nach der Relativitätstheorie verschwinden aber Zeit und Raum mit den Dingen.«[2]

Dieser Satz verdeutlicht, was vor allem wichtig an seinen Relativitätstheorien ist: Die grundlegenden Größen der physikalischen Welt – Raum, Zeit, Materie und Energie – können wir nur verstehen, wenn wir annehmen, daß sie sich alle aufeinander beziehen, daß sie relativ zueinander existieren und vermutlich einmal – am Anfang – eine Einheit gewesen sind.

Die Zeit gibt es nicht abgelöst von allen Dingen (absolut), sondern nur in bezug auf eine Uhr und einen Ort, an dem diese sich befindet. Zeit hängt also am Raum, der selbst wiederum nicht unabhängig von der Materie und ihrer Masse ist. Sie ändert die Form des Raumes, was konkret bedeutet, daß der Raum durch Materie so gekrümmt wird wie eine Matratze durch eine Kugel, die man auf sie legt. Massen beeinflussen nicht nur den Raum, sie sind auch in Energie verwandelbar, was man vornehm durch den Hinweis ausdrücken kann, daß Masse und Energie äquivalent sind. Damit haben wir eine Kette von Relationen. Sie beginnt mit der Zeit und geht weiter über den Raum und die Masse bis zur Energie, die damit auch mit der Zeit zusammenhängt. Tatsächlich vergeht die Zeit immer langsamer, wenn man in Bereiche zunehmender Energie vordringt, auch wenn das nur sehr mühsam vorstellbar ist (wenn überhaupt). Zusammenfassend kann man sagen, daß alle Grundgrößen miteinander in Beziehung stehen und also relativ zueinander sind.

Ist damit *alles* relativ, wie es immer noch und immer wieder heißt? Nein, die Relativitätstheorie kennt auch absolute Größen und fängt sogar mit ihnen an. Dazu gehört die Geschwindigkeit des Lichts und die Tatsache, daß sie eine rigide Grenze darstellt und sich nichts schneller bewegen kann. Weiter gilt die Bedingung, daß die Naturgesetze unverändert gelten, wenn man den Beobachterstandpunkt wechselt. Also, nicht alles ist relativ, aber »alles ist Geometrie«, und zwar sowohl bei Picassos analytischem Kubismus um 1906, wenn Raum und Körper gleichartig strukturiert werden, als auch bei Einsteins aktivem Raum, wobei die Hervorbringungen der beiden Männer noch eine weitere Gemeinsamkeiten erkennen lassen, nämlich eine Grenze, über die sie nicht hinausgehen:

So wenig man Picassos Bilder realistisch nennen möchte, völlig abstrakt und ohne Bezug zu Gegenständen malte er nie, und Einstein hielt sich am Ende seiner Karriere lieber fern von der immer abstrakter werdenden Physik der Atome, die er zwar 1905 eingeleitet hat, die er aber nie in ihrer Konsequenz akzeptieren wollte. Wie Picasso der völlig ungegenständlichen Malerei, so hat sich Einstein dem letzten Schritt seiner Wissenschaft verweigert, die nichts

Bestimmtes im Bereich der Atome gelten lassen wollte und statt dessen dort nur Unbestimmtheit und Zufall entdeckte, wie uns noch ausführlich beschäftigen wird. »Gott würfelt nicht« – mit diesen längst berühmten Worten formulierte er seine feste Überzeugung, die sich allerdings ebenso als wirkungslos und isoliert erwiesen hat wie Picassos Abstinenz von der reinen Abstraktion.

Verstehen und Verständnis

Bevor es im Detail um Relativität und Kubismus geht, sei noch eine Anmerkung zum Thema »Wissenschaftsvermittlung« gestattet, das an dieser Stelle mit dem zeitlichen Zusammentreffen von Einstein und Picasso – und anderen synchronen Ereignissen in der Kulturgeschichte – angesprochen werden soll. Es geht darum, aus der Gemeinsamkeit der historischen Entwicklung Gewinn für das Dauerthema zu ziehen, das amtlich und in den Medien mit einem angelsächsischen Ausdruck als »Public Understanding of Science« (PUS) bezeichnet wird.

Die institutionellen Verwalter dieser Initiative haben einen guten Grund, diese Worte nicht ins Deutsche zu übersetzen, denn wer es versucht, wird bald ihre gefährliche Doppeldeutigkeit bemerken. Es macht nämlich einen Unterschied, ob sich jemand um ein »öffentliches Verständnis *für* Wissenschaft« oder um ein »allgemeines Verstehen *von* Wissenschaft« bemüht. Im ersten Fall geht es um nicht viel anderes als um mehr Finanzmittel für die Forschung, die man unabhängig davon beschließen kann (und möchte), ob ihre Ziele und Ergebnisse bei den politisch Verantwortlichen oder beim Publikum so angekommen sind, daß von Verstehen gesprochen werden kann.

Dieses Verstehen stellt die zweite Bedeutung und die eigentliche Aufgabe eines »Public Understanding of Science« dar. Wie sie gelöst und mit Leben erfüllt werden kann, bleibt trotz aller Anstrengungen ein Rätsel, vor allem wenn es um derart komplizierte Dinge wie die Physik von Einstein geht, von der seine Relativitätstheorien am bekanntesten sind. Es ist immer wieder beklagt worden, daß die moderne Wissenschaft durch ihre mathematische Form einem Vermittler allzu hohe Hürden in den Weg stellt, an denen er auf dem Weg zum Publikum hängenbleibt. Er kann noch so viel Schweiß vergießen und noch so viele bunte Bildchen bemühen – er wird keinem Laien wirklich erklären können, was es mit vierdimensionalen Raumzeiten und gekrümmten Geodäten auf sich hat.

Vielleicht ist es gar nicht nötig, allzu viele Erklärungen abzugeben. Es geht ja darum, Verstehen zu bewirken, und es gibt keinen Grund anzunehmen, daß dieses Ziel nicht auf anderen Wegen erreicht werden kann. Ein Weg öffnet sich durch die Kunst, die nicht nur Goethe als große Vermittlerin gepriesen hat. Ihre Rolle wird offensichtlich, wenn man sich klarmacht, daß die moderne Wissenschaft gerade durch ihre Erfolge auf ein Problem trifft. Es besteht darin, daß etwa die Physik – durch Experimente und Mathematik – noch herausfinden kann, was Atome sind, daß sie aber nicht mehr sagen kann, was sie dabei verstanden hat – jedenfalls nicht in der Sprache des Alltags. Der große dänische Physiker Niels Bohr, auf den diese Einsicht zurückgeht, hat daraus den Schluß gezogen, daß ein Physiker die Wahrheit über ein Atom nur in malerischen Worten ausdrücken kann, also so, daß sie ihr Geheimnis behält. Mit anderen Worten, wer sagen will, was die Wissenschaft von Atomen versteht, muß seiner Präsentation eine poetische Form geben. Er muß sie wie ein Kunstwerk oder als Kunstwerk vermitteln, das mit seinem offenen Geheimnis das Publikum anspricht und anlockt.

Die entscheidende Qualität eines Kunstwerks besteht in diesem Zusammenhang darin, daß sich das Ganze erfassen läßt, auch ohne daß man alle Einzelteile versteht. Und warum soll nicht eine wissenschaftliche Idee so verstanden werden, nämlich nicht dadurch, daß man alle Teile erläutert, sondern dadurch, daß man das Ganze sichtbar macht.

Das Problem besteht darin, daß die Kunst dieses Ganze höchst selbstverständlich hat, während es der Wissenschaft fehlt. Bei einem Künstler sehen wir das Werk, das er vorlegt, und bei einem Wissenschaftler müssen wir versuchen, den Inhalt seiner Arbeit – und nicht sie selbst – zu begreifen. Solange es nicht gelingt, daraus ein Bild zu machen, das uns ähnlich zugänglich ist wie ein Kunstwerk, bleibt die Ungleichheit des Verstehens, wie sie sich selbst bei Picasso finden läßt, der – nach eigenen Worten – nichts von Einsteins Ideen verstehen kann, wenn sie traditionell vermittelt werden. Denn wie der Sammler Heinz Berggruen in seinen Erinnerungen *Monsieur Picasso und Herr Schaften* berichtet, hat der angesprochene Maler dem Dichter Claude Roy gegenüber einmal bekannt, daß er von Einsteins Theorien »kein Sterbenswörtchen« kapiert.[3]

Da geht es Picasso wie den meisten von uns, was allein deshalb ein Problem darstellt, weil es bei Einstein nicht um irgendeine austauschbare Form von Physik, sondern um eine Beschreibung der Welt geht, in der wir leben, zu der wir gehören und von der wir deshalb auch etwas verstehen wollen. Picasso tröstet sich damit, daß er bei der Lektüre von Einstein zwar nicht dessen Theorien, wohl aber »etwas anderes« erfaßt, mit dem er dann offenbar zufrieden ist. Uns Normalsterbliche sollte dieser Gedanke ermutigen, denn vielleicht kommt es gar nicht darauf an, Einsteins Mathematik zu verstehen. Vielleicht kommt es mehr darauf an, was er mit diesem Handwerkszeug begreift, und das könnte mit dem anderen, zu dem Picasso Zugang hat, übereinstimmen. Vielleicht kommt es immer auf das andere an, das sich mit Hilfe eines Genies verstehen läßt, was Anlaß zu der Hoffung gibt, daß jeder den erwähnten Zustand der Zufriedenheit erreichen kann. Auf diese Weise läßt sich wenigstens *etwas* Angemessenes von Einstein erfassen. Damit ist es anschließend gedanklich möglich, sich in unserem gemeinsamen kosmischen Zuhause behaglich einzurichten.

Abstraktion in Kunst und Wissenschaft

An dieser Hoffung und ihrer Erfüllung soll hier unter der Annahme gearbeitet werden, daß sich viele Menschen mit einem Verständnis der Kunst leichter tun als mit einem Verständnis der Wissenschaft, sei sie nun traditioneller oder moderner Machart. Hierzulande herrscht eine merkwürdige Form der Asymmetrie, die sich mit den vielleicht banal klingenden Worten ausdrücken läßt, daß wir selbst von schwierigsten Kunstwerken etwas zu verstehen meinen, während uns auch die einfachste wissenschaftliche Einsicht zu überfordern scheint. Gemälde sagen den Leuten etwas und ziehen sie an. Wenn die Bilder den Menschen nichts sagen würden, gingen nicht so viele ins Museum. Gerade Kunstführungen durch Ausstellungen mit bestenfalls mühsam nachvollziehbaren Werken erfreuen sich reger Beteiligung, während schwerverständliche naturwissenschaftliche Theorien vor Sälen mit leeren Stuhlreihen erläutert werden, wobei der Vortragende zumeist noch vergeblich ermahnt wird, nicht über die wenigen Köpfe hinwegzureden. Dies passiert zwar bei kunsttheoretischen Einführungen oder Erläuterungen in noch viel stärkerem Maße, aber in solchen Fällen kann das Publikum einfach weghören und sich auf das Bild freuen, das es unabhängig von Theorien auf sich wirken lassen kann. Diese Möglichkeit haben die Wissenschaften nicht, die dem Publikum nicht als Werk und nur durch ihren Inhalt vorgestellt werden.

Diese Art des Ungleichgewichts findet sich – wie gesehen – sogar bei den beiden Hauptdarstellern dieses Buches. Denn während Picasso – sicher nicht zum Nachteil seiner Reputation – freimütig einräumt, er verstehe von Einstein nichts, unterläßt der Unverstandene seinerseits ein Bekenntnis zur Ignoranz der Kunst, und bei diesem Schritt ist er in unserer Gesellschaft gut beraten, wenn er eine Blamage vermeiden will. Weil es sich so gehört, äußert sich Einstein quasi als Kenner der Kunst, wenn er in einem Brief an den Kunsthistoriker Paul M. Laporte aus dem Jahre 1946 meint, daß seine Theorien und Picassos Gemälde physikalische Sachverhalte nur sehr unterschiedlich erfassen und die neue »Sprache« der Kunst nichts mit der Physik der Relativität gemein hat.

Da uns Einstein leider nirgendwo mitgeteilt hat, was ihm diese Sprache gesagt hat bzw. wo und wie er sie lernen konnte, müssen wir dies selbst versuchen, herauszufinden, was aber nicht die primäre Herausforderung darstellt. Sie kommt erst an zweiter Stelle ins Visier, nachdem wir zuvor Einsteins Sprache – die der neuen Physik – zumindest aus der Ferne und in groben Umrissen kennengelernt haben. Und meine Annahme lautet, daß Picassos Bilder helfen können, sie besser auszumachen und ihr näherzukommen. Zwar wird der Künstler gern genüßlich mit den Worten aus dem Jahre 1923 zitiert: »Mathematik,

Trigonometrie, Chemie … und was sonst noch mit dem Kubismus in Beziehung gebracht worden ist, um ihn leichter deuten zu können«, helfen nicht weiter, denn »all das ist nichts als Literatur, um nicht zu sagen Unsinn«[4], aber man sollte diese Worte nicht so bitterernst nehmen, wie es gewöhnlich geschieht. Schließlich darf gefragt werden, seit wann Literatur automatisch Unsinn ist?

Abgesehen davon geht es hier nicht darum, den Kubismus zu deuten, sondern um den Versuch, ihn und die Lust des Publikums auf ihn zu nutzen, um Einsteins Gedanken zu verstehen. Einstein hat einmal gesagt, er würde gern Gottes Gedanken verstehen und wissen, ob der Herr bei der Erschaffung der Welt eine Freiheit gehabt habe. Zu diesen Sternen können wir nicht greifen, unser Ziel sind die Gedanken eines Sterblichen, und das zeitliche Zusammentreffen der künstlerischen und wissenschaftlichen Entwicklung läßt es möglich erscheinen, darüber etwas zu lernen, auch wenn man nicht Physik studiert hat und sich nur allgemein um Bildung bemüht.

Die Hoffung, daß sich Gemeinsamkeiten finden lassen, mit denen beide Wendungen zur Moderne hin zu verstehen sind, basiert auch auf der Beobachtung, daß die Verknüpfung der beiden Abenteuer der menschlichen Phantasie sich nicht nur an den beiden Personen zeigt, die hier im Mittelpunkt stehen. Sie zeigt sich ganz allgemein in einem umfassenden Rahmen, den eine Pariser Ausstellung einmal etwas großzügig auf die Jahre zwischen 1800 und 1914 datiert hat. Vom November 2003 bis zum Februar 2004 zeigte das Musée d'Orsay unter dem Titel *Aux origines de l'abstraction* Werke, die am Ursprung des gemeinsamen Weges gestanden haben, der sowohl die Kunst als auch die Wissenschaft in die Abstraktion geführt hat. Natürlich sollten genaue Angaben von Jahreszahlen bestenfalls *cum grano salis* verstanden werden, aber der von der künstlerischen Leitung des Museums erfaßte Zeitraum entspricht in erstaunlicher Weise der Epoche, in der die Naturforschung eine Wende vollzieht, die schon einmal als »Revolution der Wahrscheinlichkeit« bezeichnet worden ist. Sie vollzieht ihre entscheidende Wende in den Jahren, wie uns jetzt nicht weiter überrascht, in denen wir Picasso und Einstein am Werk sehen, und gelangt dabei wie die Kunst in den Bereich der Abstraktion. Denn was um 1800 mit der Berechnung von konkreten Wahrscheinlichkeiten beim Würfeln, dem Ermitteln von Verbrechensquoten in Stadtteilen oder der Kalkulation für das zu erwartende Eintreten von versicherten Schadensfällen begonnen hat, führt in das Innerste der Welt hinein, um hier auf den reinen Zufall zu treffen, mit dem man rechnen muß, ohne ihn berechnen zu können.

Wenn die Physiker den entscheidenden Schritt in die Abstraktion vollziehen, bewegt sich auch die Kunst in diese Richtung. Wenn wir ihn ebenfalls mit zwei Personen nachvollziehen wollen, kommt dafür unser bisheriges Paar nicht in Frage, da sie an dieser Stelle schon lange ausgestiegen sind. Statt dessen könnte man auf seiten der Kunst Wassily Kandinsky und auf seiten der Physik Werner Heisenberg nennen, und die beiden hätten sich sogar sehr gut im Raum treffen können, nämlich in München oder Oberbayern. Sie treffen sich auf jeden Fall so in der Zeit, wie es Picasso und Einstein tun, und bei ihnen tritt sogar die Synchronizität zwischen Kunst und Wissenschaft eher noch deutlicher zutage. Denn sowohl bei Heisenbergs Physik als auch bei Kandinskys Kunst verschwindet der reale Gegenstand vollständig, und übrig bleibt die Form, die der Wirklichkeit unterlegt ist und wird. Dies bedeutet für die Physik, daß das Atom nach Heisenbergs Zugriff kein Ding der Art mehr ist, wie wir es aus dem Alltag kennen. Atome zeigen sich durch die Form, die wir ihnen geben. Und genau das sehen wir auf Kandinskys abstrakten Bildern, nämlich die Formen, die er auf ihnen anbietet und zeigt.

Die Frage, welche Formen die zutreffenden sind, kann die Wissenschaft zwar systematischer und quantitativer beantworten – nämlich im Experiment –, aber im Grunde unterwerfen sich sowohl die abstrakte Theorie als auch die abstrakten Bilder demselben Kriterium zur Beurteilung ihrer Qualität, nämlich dem der Beobachtung. In beiden Fällen müssen die Formen »stimmen«, und zwar so, daß beobachtende oder betrachtende Menschen damit zufrieden sind.

Natürlich wurde schon früh allgemein bedauert, daß die genaue Erfassung von physikalischen Erscheinungen nur auf höchst abstrakte Weise gelungen ist, aber dies ändert nichts an der Tatsache, daß bei vielen Menschen der Eindruck besteht, sie seien von den Ergebnissen der Wissenschaft ausgeschlossen, die im Rahmen der modernen Physik geliefert worden sind. Wir wundern uns nicht mehr und verzweifeln eher darüber.

Dies ist aus vielen Gründen ärgerlich, unter anderem deshalb, weil Einsteins Theorien den Kosmos beschreiben und damit unsere Welt, unseren Ort in der Welt. Unter diesem Aspekt wirkt es ungerecht, wenn nur wenige das Gebäude verstehen, in dem wir doch alle leben. Warum können wir nicht alle einsehen, was Einstein eingesehen hat, und zwar durch seine mathematischen Ableitungen?

Eine mögliche Antwort findet, wer das Wort »durch« wörtlich versteht und auf diese Weise annimmt, daß Einstein durch seine Formeln hindurch etwas gesehen hat. Tatsächlich kann es ihm nicht um die Mathematik gegangen sein, sondern um das, was er durch ihre Symbole und Verknüpfungen hindurch sieht.

Man könnte sagen, Einsteins Gleichungen stellen das Fenster dar, das ihm den Blick auf die Struktur des Kosmos öffnet, die er kennenlernen und erfassen will. Man könnte aber auch sagen, Einsteins Gleichungen stellen *ein* Fenster dar, hinter dem die Natur des Universums sichtbar wird, und diese Formulierung soll den Gedanken nahelegen, daß es auch noch andere Fenster gibt, durch die diejenigen schauen können, denen der Zugang zum mathematischen Fenster oder dieses selbst – aus welchen Gründen auch immer – verschlossen bleibt.

Offene Geheimnisse

Als die Wissenschaft mit Einstein und seinen Zeitgenossen modern wurde, kam das Wort von der »Entzauberung« der Welt durch ihre Erkundung auf. Alles erschien auf einmal erklärlich, bis auf die Theorien selbst, die für viele Menschen so unbegreiflich dastanden, wie sie es zum Teil heute noch tun. Die Kunstwerke, die in den gleichen Jahren durch Picasso und seine Zeitgenossen geschaffen wurden, teilten zwar zunächst dasselbe Schicksal, haben aber inzwischen das Gegenteil erreicht, nämlich die Verzauberung des Publikums. Menschen stehen stundenlang Schlange, um die Bilder im Original zu sehen, die als Triumph der Moderne gefeiert werden und entstanden sind, als die Wissenschaft anfing, die Welt sowohl im großen – den Kosmos – als auch im kleinen – die Atome – anders zu verstehen als vorher. Warum soll nicht versucht werden, die Verzauberung durch die Bilder zweifach zu nutzen? Einmal, um mit ihrer Hilfe auch Vergnügen an den

Einsichten der Physik zu finden, die gemeinhin als unzugänglich gelten, und weiter, um zu zeigen, daß trotz hoher Qualität der Wissenschaft von einer Entzauberung der Welt durch sie keine Rede sein kann.

Denn tatsächlich leben wir trotz aller Fortschritte der Naturwissenschaften immer noch in einer Wirklichkeit voller Wunder und Geheimnisse. Selbst alltägliche Gegebenheiten wie das leuchtende Licht und die zerrinnende Zeit gehören dazu, denn schließlich kennt niemand eine schlüssige Antwort auf die Frage, was das genau ist, das uns von der Sonne oder einer Lampe erreicht und zum Beispiel diesen Text sichtbar macht, und wie die Zeit vergeht, die es für seinen Weg und ein Leser für seine Lektüre braucht. Als Kronzeuge für dieses neue Nichtwissen auf hohem Niveau können wir Einstein bemühen, der am Ende seines Lebens gesagt hat, daß ihn fünfzig Jahre des Grübelns der Antwort auf die Frage nach der Natur des Lichts keinen Deut nähergebracht hätten. »Heute glaubt zwar jeder Lump, er wisse es«, wie Einstein einem Freund im Jahre 1951 schrieb, »aber er täuscht sich.«

Die Welt, die Einstein hinterließ, ist anders als die Welt, die er vorfand, aber nicht so, wie wir oft denken. Nach ihm haben wir uns nicht weniger, sondern mehr zu wundern als vorher. Einstein traf auf eine Wissenschaft voller Selbstgewißheit, die sich im Himmel und auf der Erde auszukennen meinte, und er kreierte – zusammen mit anderen – eine Wissenschaft voller Geheimnisse, mit denen das Denken noch viel zu tun hat.

Wem die Vermittlung von Physik und anderen Wissenschaftsdisziplinen am Herzen liegt, kann kaum eine bessere Vorlage bekommen, denn werden Menschen nicht gerade von der Schönheit des Geheimnisvollen angelockt? Die vielen Besucher, die in einem Museum vor Bildern von Picasso und anderen modernen Malern stehen, werden kaum den Weg dorthin finden, weil sie das Gezeigte völlig verstehen und durchgängig durchschauen. Sie sind fasziniert von den rätselhaften Elementen, die in jedem Kunstwerk stecken müssen, und deshalb muß es auch möglich sein, sie durch die rätselhaften Elemente zu locken, die in modernen wissenschaftlichen Erklärungen stecken.

Natürlich können Physiker, Mathematiker, Kosmologen und andere Forscher sehr viel sagen über die Gegenstände ihres Begehrens. Aber die großen Rätsel – Was sind Zeit und Raum? Was ist Energie? Was ist das Leben? – bleiben unabhängig davon erhalten und bieten uns allen Gelegenheit, das Wundern nicht zu verlernen und daraus Mut zu schöpfen, sich an einem Gespräch über die Wissenschaft zu beteiligen.

Natürlich ist es leichter, vor einem Werk von Picasso zu stehen als in einem Werk von Einstein zu lesen. Über die Erkenntnisse, die dieser bei seinem Nachdenken hervorbrachte, können wir uns bis heute nur wundern, was konkret heißt, daß uns seine Physik so geheimnis- und wundervoll erscheint wie ihm die Naturerscheinungen. Einsteins Einsichten machen Mühe, was sich einfach daran ablesen läßt, daß es auch einhundert Jahre nach seinen großen Leistungen immer noch kein allgemeines Verstehen von ihnen gibt und kein Rezept bekannt ist, wie dieses Bildungsdefizit behoben werden könnte. Seine Theorien sind nach wie vor Lichtjahre davon entfernt, als Schulstoff verstanden zu werden. Wie kommt das? Woran liegt es, obwohl sich so viele Menschen für Einsteins Wissenschaft interessieren? Und was kann man tun, um ihnen zu helfen?

Man kann ins Kino gehen, wobei an dieser Stelle zu fragen ist, wie Einstein und Picasso den gemeinsamen Besuch bewerkstelligt haben könnten. Dieser gelingt natürlich nur, wenn man sich auf die neue Verbindung einläßt, die Einsteins Physik zwischen den beiden Grundgrößen Raum und Zeit herstellt. Beide benötigt unser Verstand, um sich orientieren und die Welt beschreiben zu können. Was vor ihm getrennt war, hat Einstein zusammengefügt. Wir leben – so eine seiner merkwürdigen Einsichten – nicht in einem eigenständigen Raum, den ungestört und unerbittlich eine ebenso eigenständige Zeit durchströmt, und zwar so, daß sie überall gleich ist. Wir leben vielmehr in einem fugenlosen Gebilde (Kontinuum) aus beiden Gegebenheiten, für das sich der Name Raumzeit durchgesetzt hat. In ihrer (also: unserer) Wirklichkeit sind – wenn wir es nicht allzu genau nehmen – Raum und Zeit gleichberechtigt, und deshalb macht es so gut wie keinen unüberwindlichen Unterschied, ob sich Picasso und Einstein nun an einem Ort oder in einem Moment treffen.

Das Nebeneinander von Raum und Zeit darf natürlich nicht dazu führen, die damit verbundenen Dimensionen unseres Lebens zu verwechseln. Ihre Äquivalenz kann sehr witzig klingen, wenn man sie so wörtlich in den Alltag einführt, wie es Karl Valentin getan hat. Wenn der Philosoph unter den Komikern von seinem Besuch im Münchener Theater am Gärtnerplatz berichtet, weiß er zu Beginn des Monologs nicht mehr, »war das gestern oder war's im vierten Stock oben?« Wenn wir es wagen, diese Zeile auf unser Thema hin zu variieren, können wir fragen: Haben sich Picasso und Einstein zum ersten Mal vor 1905 oder im Kino getroffen? Die Antwort ist klar: Es war vor

1905, und mindestens einer von den beiden war damals im Kino. Dort wollen auch wir jetzt hingehen.

Die beiden Genies wären uns dabei keineswegs aufgefallen, selbst wenn sie nebeneinander Platz genommen hätten. Kurz nach Beginn des 20. Jahrhunderts waren der 1879 geborene Einstein und der zwei Jahre jüngere Picasso noch zwei unbekannte Teenager, die ihre eher provinziellen Geburtsorte in Deutschland und Spanien verlassen hatten und sich geographisch dadurch nähergekommen waren, daß sie nun in den Hauptstädten benachbarter Länder lebten – der eine in der Schweiz und der andere in Frankreich. Der Wissenschaftler fühlte sich wohl in seiner kleinen Wohnung in der Berner Kramgasse, und der Maler war über Barcelona nach Paris gezogen, um hier ein Atelier zu beziehen. Es befand sich in einem barackenähnlichen Holzhaus auf dem Montmartre, wobei dieser die Touristen bis heute verzaubernde Stadtteil bereits 1904 mit einer besonderen Attraktion aufwarten konnte: Hier gab es ein erstes Kino, und zu seinen regelmäßigen Besuchern zählte Picasso, den das noch ganz neue Medium der Kunst offenbar begeisterte und sicher zu neuen Ideen anstiftete.

Für die Herstellung der Filme, die dort liefen, war unter anderem Georges Méliès zuständig, der sich sogar theoretisch mit den »kinematographischen Bildern«[5] beschäftigt hat, wie sie damals noch hießen. Sie waren als eindrucksvolle neue Seherfahrung nicht nur oberflächlich unterhaltsam, sondern wirkten bis tief in das philosophische Denken hinein. Henri Bergson etwa ließ sich in seinem Werk *Die schöpferische Evolution* von 1908 dazu inspirieren, vom »kinematographischen Mechanismus des Denkens« zu schwärmen. Damit meinte der Philosoph, dessen Werke Gertrude Stein emsig studiert hatte, daß Menschen, wenn sie sich in ihrer Umwelt umschauen, in ihrem Kopf »Momentbilder … von der vorübergleitenden Realität« aufnehmen und ansehen, wie es auch im Kino geschieht:

Wenn wir denken – so Bergson –, dann lassen wir dabei Zeit vergehen. Beim Nachdenken müssen wir die Überlegungen ebenso in die richtige Reihenfolge bringen wie beim Erinnern, bei dem wir auch wissen, was vorher war und was danach kommt. Wir verfügen zwar über diese Fähigkeiten durch die Gegebenheiten (Nervenzellen und mehr) an einem Ort – nämlich im Kopf –, der operiert dabei aber in der Dimension der Zeit. Deren Ausdehnung nutzen wir auch, wenn wir reden. Sprache braucht Zeit und nimmt keinen Raum in Anspruch. Dichten ist Kunst in der Dimension der Zeit, wobei selbst eine Zeitkunst Platz braucht – und also Raum einnimmt –, wenn sie auf Papier festgehalten wird.

Doch auch vom Blatt muß Literatur Wort für Wort vorgelesen werden, was immer dauert. Wie die Musik bleibt Dichtung auf jeden Fall Kunst in der Zeit und damit steht sie der bildenden Kunst gegenüber, die sich im Raum zeigt und also Raumkunst ist – auch wenn es für einen Betrachter Zeit braucht, etwa eine Plastik zu umschreiten. Unabhängig davon kann einer Raumkunst wie der Malerei die Zeit hinzugefügt werden, und zwar im Kino, mit dem die Bilder laufen lernten und also die Zeit eroberten.

Sicher haben alle Philosophen die Texte des Kirchenvaters Augustinus gelesen, in denen es heißt, daß die Ausdrücke, die wir beim Reden oder Schreiben verwenden, ihre Bedeutung erst in dem Augenblick erhalten, in dem sie sich auf innere Bilder beziehen, das heißt auf Bilder, die »aus dem Schatz der Erinnerungen« stammen. Denn wenn dies nicht der Fall wäre, dann – so drückt es Augustinus aus – »könnte ich überhaupt nichts nennen«. Ein denkfähiger Kopf steckt also voller Bilder, und die Frage lautet nun, wie man ihnen eine zeitliche Entwicklung geben und so die Produktion von Gedanken erfassen kann. Darauf kann Anfang des 20. Jahrhunderts eine Antwort gefunden werden, und zwar im Kino mit seinen bewegten Bildern. Man schaut auf der Leinwand dem Vorgang des Denkens zu, wie Bergson vermutete. Denn – so seine Ansicht – wenn wir bei dieser Tätigkeit etwas zu erkennen bzw. zu finden versuchen, lassen wir einen inneren Film ablaufen, um darin Ausschau nach den passenden Bildern zu halten: »Der Mechanismus unseres gewöhnlichen Denkens ist kinematographischen Wesens«, lautete die Schlußfolgerung des Philosophen nach seinem Besuch im Kino, und diese Einsicht ist sicher relevant für all diejenigen, die mit Bildern zu tun haben – und damit ist nicht nur Picasso gemeint, sondern auch Einstein, der eigenen Bekundungen zufolge in Bildern dachte und durch sie die Richtung seines wissenschaftlichen Suchens kannte.

Bei Einstein haben die Natur und ihre Gegenstände – die Objekte seiner Erkundung – immer irgendein Aussehen, was heißt, daß sich in ihnen immer konkrete Eigenschaften der Außenwelt zeigen. Deshalb hätte er sich auch bei einem Kinofilm wohlgefühlt, und er hätte sich bei ihm Anregungen holen können. Diese Möglichkeit entfiel für Heisenberg, der die Dinge hinter sich lassen mußte, um zu den Atomen zu gelangen, wie sich heute im historischen Rückblick sagen läßt. Um die Welt im Innersten beschreiben zu können, durfte Heisenberg keine einzige der Eigenschaften direkt benutzen, mit denen seine Vorgänger Erfolg hatten. All die Größen wie Raum, Zeit, Energie und Masse treten bei ihm nicht mehr konkret auf. Sie zeigen sich vielmehr in der Form abstrakter Funktionen. Die Natur, die Heisenberg mit seiner Atommechanik beschreibt, besteht aus mathematischen Gebilden, die kein Aussehen mehr haben wie etwa der Raum, in dem wir uns umschauen.

Diese Beschreibung der neuen Physik der 1920er Jahre macht offenkundig, daß sie und ihre Vertreter den Weg in die Abstraktion gefunden haben, wie es unter anderem den Malern des Blauen Reiters im Umfeld von Kandinsky gelungen ist. Als Heisenberg in den Jahren 1924/25 den entscheidenden Schritt vollziehen konnte, ist er so im Unbekannten angekommen, wie es Dichter vor und Maler nach ihm erfahren haben. Seine Wissenschaft stellte nicht mehr etwas dar, was es gibt, sie gestaltete vielmehr, was es erst dadurch gibt. Sie ist deshalb wie die Kunst, die der Maler Willi Baumeister 1947 durch die Formulierung charakterisiert hat, daß Kunst Gestaltung und nicht Darstellung ist. Bei Baumeister können wir in seinem Buch über *Das Unbekannte in der Kunst* auch eine Vermutung nachlesen, die Heisenberg vor seinem Aufbruch in das neue Land der Physik möglicherweise sehr vertraut vorgekommen wäre: »Es ist fraglich, ob die Natur überhaupt ›aussieht‹. Es ist fraglich, ob die Welt einen feststehenden Aspekt hat.«[6] Es könnte nämlich etwas anderes der Fall sein, wie Baumeister schreibt, der das gegenstandslose Malen vehement gegen Kritik und Unverständnis verteidigt hat: »Es könnte sein, daß die Augen ein Netzwerk ins Dunkel auswerfen, das eine dem Menschen faßbare Welt durch den Menschen selbst entstehen läßt.«

Genau das ist Heisenberg mit seiner Theorie der Atome gelungen, wie noch zur Sprache kommen wird. Aus dem Grunde wäre es schwierig, nicht nur mit Picasso und Einstein, sondern auch mit Heisenberg und Kandinsky ins Kino zu gehen, es sei denn, wir träfen folgende Unterscheidung, die Jugendliche kennen. Wenn ein verliebtes

Pärchen erzählt, daß es gerade aus dem Kino kommt, fragen die Freunde grinsend zurück, »Wart ihr im Kino oder im Film?«[7]

Picasso und Einstein waren im Film, und Heisenberg und Kandinsky im Kino, womit gesagt werden soll, daß letztere keine Gegenstände auf der Leinwand für das »Netzwerk« brauchten, das ihre Augen »ins Dunkel auswerfen«. Die abstrakten Künstler und Forscher haben den Zugang zu einem Innenraum gefunden, in dem es nur das eigene Licht gibt. Picasso und Einstein vertrauten weniger dem Innen und mehr den Sinnen, denen im Kino bereits damals genug Aufregung geboten wurde, und zwar deshalb, weil von Anfang an mit der Zeit gespielt wurde.

Der Stopptrick

Georges Méliès, der 1902 *Eine Reise zum Mond* für die Kinos fertigstellte und 1907 Jules Vernes Roman *Zwanzigtausend Meilen unter dem Meer* verfilmte, dachte bei seinem Handwerk nicht unbedingt so philosophisch wie sein Landsmann Bergson. Er hatte dafür eine diebische Freude an einem Kunstgriff, den er »Stopptrick« nannte, wobei er offen zugab, daß er dieses Spannungselement seiner Filme nicht der cleveren Idee eines Produzenten, sondern schlicht einer wiederholten Panne beim Material oder einem der unzuverlässigen Apparate verdankte. Durch das Reißen des Filmstreifens oder das Blockieren der Mechanik passierte es hin und wieder, daß sich Omnibusse voller Menschen, die man auf den Straßen von Paris aufgenommen hatte, beim Abspulen der Rolle schlagartig in Luft auflösten oder gar in die Leichenwagen verwandelten, die in der Wirklichkeit natürlich erst ein paar Minuten später an der Kamera vorbeigefahren waren, als deren mechanische Schäden behoben worden waren. Méliès lernte es rasch, diesen Stopptrick systematisch herbeizuführen und einzusetzen, unter anderem, um »Männer in Frauen zu verwandeln und Menschen und Dinge einfach verschwinden zu lassen«.

Was uns heute fast bis zum Überdruß bekannt vorkommt und kaum noch einen Besucher von einem Kinositz reißt, wurde vor einhundert Jahren anders erlebt. Damals brachte dieser technische Eingriff eine neue Erfahrung des Sehens mit sich, die deshalb so aufregend war, weil sie mit der entscheidenden Dimension unseres Lebens zu tun hat – mit der Zeit – und mit ihr auf einmal gespielt werden konnte – jedenfalls im Kino.

Wir halten die Beschreibung ein wenig an, um auf das Wort »Dimension« hinzuweisen, das wir ohne wissenschaftlichen Beigeschmack aus dem Alltag kennen, etwa wenn man sagt, die Staatsverschuldung habe eine neue Dimension angenommen, oder wenn es heißt, es sei schwer, sich die künftigen Dimensionen des chinesischen Einflusses auf die Weltwirtschaft vorzustellen. Diese Dimensionen meinen so etwas wie ein Ausmaß der Erfaßbarkeit nach allen Seiten hin, und der Begriff im wissenschaftlichen Gebrauch ist damit vergleichbar. Er meint die Ausdehnung, die einem Gegenstand zukommt, und sie kann in drei Richtungen erfolgen – nach oben bzw. unten, nach rechts bzw. links und nach vorne bzw. nach hinten. Die Physiker sprechen von den drei Dimensionen des Raumes, was verständlich macht, warum in Verbindung mit der Zeit oft das eigentümliche Attribut »vier« fällt. Die Zeit tritt als vierte Dimension neben die drei abmeßbaren Orientierungen der räumlichen Richtungen, was abenteuerlich klingt, ohne es zu sein – es sei denn, man fragt, wo die

Zeit denn ist. Den Raum mit seinen drei Dimensionen sehen wir vor uns. Er steht schließlich fest und wir in ihm. Aber wo sieht man die Zeit? Und warum können wir nicht vor und zurück in ihr gehen? Warum geht sie vielmehr mit uns, und zwar immer in eine Richtung?

Die Zeit wird gern als ein Fluß gesehen, der durch den Raum zieht, aber dieser Gedanke weist seine Tücken auf, selbst wenn er beim ersten Hören einleuchtet. Denn was zeichnet einen fließenden Strom im Vergleich zu einem stehenden Gewässer aus? Seine Bewegung, heißt die Antwort, mit der man nur leider nichts gewonnen, sondern im Gegenteil alles verloren hat. Denn an die alte schließt sich sofort die neue Frage an, nämlich die, was denn eine Bewegung sei. Wer nun richtig sagt, das ist etwas, das in der Zeit stattfindet, hat zwar recht, aber auch keine Chance mehr, das näher zu erklären. Denn die Zeit, die er hier braucht, wollte er doch gerade erst erklären. Wer die Zeit als Fluß verstehen will, versteht sie gerade nicht. Es ist zu erwarten, daß es Mühe kosten wird, sich ein Bild von der Zeit zu machen, die als vierte Dimension nicht nur neben den Raum tritt, sondern auch mit ihm zusammenhängt.

Dies kann das Kino zeigen, etwa durch den erwähnten Stopptrick, der die Zeit an bestimmten Positionen punktgenau verschwinden lassen kann. Der Regisseur hat die Möglichkeit, frei über diese geheimnisvolle Dimension zu verfügen, in der sich unser Leben abspielt. Was anfänglich eher zufällig durch ein Mißgeschick passiert ist, kann heute längst systematisch und perfektioniert im Schneideraum unternommen werden. Im Film kann mit der Zeit auf unterschiedlichste Weise gespielt werden – zwei bekannte Stichworte heißen Zeitraffer und Zeitlupe –, was bedeutet, daß uns dieses zugleich künstlerische und technische Medium die mit der Zeit gegebene vierte Dimension der

Welt überhaupt erst anschaulich macht. Wir wissen natürlich auch ohne einen Film, daß die Zeit vergeht. Aber im Kino sehen wir es mit eigenen Augen.

Die vierte Dimension

Das Reden von der vierten Dimension hat lange vor Einstein und dem Kino begonnen und immer auch mehr gemeint als die Einbeziehung der Zeit in die Erfassung von physikalischer Wirklichkeit. Mit der Zeit verbindet sich sogar etwas ganz Besonderes, schließlich stellt sie – wenn man so sagen darf – den Aufenthaltsort des Geistes oder der Seele bzw. des Seelischen und des Geistigen dar. Niemand wird genaue Koordinaten angeben, um zu sagen, wo sich der Geist oder eine Seele zeigt, aber wenn sie existieren, brauchen sie eine Dimension, in der sie Platz finden und sich ausbreiten können, und das ist die vierte, in der sich die Zeit erstreckt.

Aus diesem Grund haben viele Menschen mit spirituellen Neigungen oder spiritistischen Phantasien die vierte Dimension zu ihrem Terrain erklärt, die dann mehr als die Zeit meinte. Im 19. Jahrhundert gab es eine starke mystische und okkultistische Tradition, die dem Geist höchst praktisch solch eine spezielle vierte Dimension zubilligte und die sogar empirische Nachweise für deren Existenz anbot. Sie soll ausgewählten Menschen, die als spiritistisches »Medium« auftraten, zugänglich gewesen sein, und die Zunft bot bühnenreife Darstellungen an, bei denen die vierte Dimension bemüht wurde. Selbst der auf seinem Wissenschaftsgebiet hochangesehene Astrophysiker Johann Karl Friedrich Zöllner hat sich um 1880 auf die Ankündigung eines »Mediums« eingelassen, das zum Beispiel mittels der ungewohnten Dimension Gegenstände aus einem verschlossenen Kasten herausholen wollte, ohne ihn zu öffnen.[8] Sicher ist Zöllner – wie viele andere – nur auf einen guten Zaubertrick hereingefallen, aber die vierte Dimension regte damals die Öffentlichkeit auf und an. Sie wurde viel diskutiert, und wenn es schon Talkrunden im Fernsehen gegeben hätte, wären sie voller Medien gewesen, die Zugang zur vierten Dimension hatten.

In den naturwissenschaftlichen Instituten war sie auch ein seriöses Thema, und zwar nicht zuletzt im Hinblick auf die Frage, ob wir uns ein vierdimensionales Gebilde anschaulich vorstellen können. Während das 19. Jahrhundert da durchweg abwinkte, meinte der französische Mathematiker Henri Poincaré 1902 in seinem Buch *Wissenschaft und Hypothese* das Gegenteil: »So wie man auf einer Leinwand die Perspektive einer dreidimensionalen Figur zeichnen kann, so kann man die Perspektive einer vierdimensionalen Figur auf eine drei- (oder zwei-)dimensionale Leinwand zeichnen. Das ist für den Mathematiker nur leichtes Spiel.«

Für uns bleibt es trotz der Versicherung von Poincaré, von dem wir noch mehr hören werden, wenn es um das Verständnis der Zeit geht, schwierig. Doch die Sicherheit, mit der Mathematiker sich die vierte Dimension nicht spiritistisch verrückt, sondern akademisch korrekt aneigneten, erlaubte es den Künstlern, den damit gegebenen Freiraum zu nutzen, ohne den Kontakt zur Realität zu verlieren.

Diese Realität hatte sich damals gewaltig verändert, und zwar auf eine für Zeitgenossen unserer Tage, die mit Sensationen verwöhnt sind, kaum noch nachvollziehbare dramatische Weise. Das Wort »Sensationen« hatte damals noch einen sinnlichen Klang, und in der Tat waren es Sensationen, die von der Wissenschaft gemeldet wurden. In den letzten Jahren des 19. Jahrhunderts entdeckten Physiker die Röntgenstrahlen, die Radioaktivität und die Möglichkeit, elektromagnetische Wellen zu erzeugen, die als Radiosignale genutzt werden. Allen genannten Erscheinungen gemeinsam ist die Tatsache, daß es sich um etwas handelt, das dem Auge nicht zugänglich ist. Mit anderen Worten, die Wissenschaft zeigte damals mit unübersehbarer Deutlichkeit, daß die Welt voller Dinge steckt, die wir nicht sehen. Unser Auge erfaßt nicht die ganze Wirklichkeit. Die Welt ist nicht so, wie sie erscheint. Und wie sich bald herausstellte, hatte die Entdeckung des Unsichtbaren gerade erst begonnen – und sie hat noch keineswegs aufgehört, wie aktuelle Stichworte wie »Dunkelmaterie« und »Dunkelenergie« aus jüngster Zeit verdeutlichen. Wenn es das mit diesen Worten Bezeichnete tatsächlich gibt, ist der weitaus größte Teil des Universums unseren Sinnen unzugänglich. Eine Meldung, die ebenfalls unsere Sinne nicht zu erreichen scheint. Aufregend findet das nämlich offenbar niemand. Wir nehmen inzwischen selbst eigentlich atemberaubende Entdeckungen fast gleichgültig hin, anders als es die Menschen vor einhundert Jahren getan haben, die noch wußten, wie man etwas wahrnehmend erleben (und daß man sich nicht nur sinnlos und geisttötend vom Talkshowgemurmel unterhalten lassen) kann.

Die Künstler lernten von der Physik, daß die Welt vor allem unsichtbar ist. Wer Gegenstände nicht nur zeigen will, wie sie aussehen, oder so, wie sie sind, kann sie zeigen, wie er sie denkt, und diese Freiheit könnte man sich in der vierten Dimension erfüllen, in der die Gegenstände ihre wirkliche Form bekommen – also die, sie sie haben, und nicht die, die sie zeigen.

So oder so ähnlich drückten sich einige der Autoren aus, die das Entstehen der kubistischen Malweise zu erläutern versuchten und betonten, daß die Bilder mehr zeigten, was man sich vorstellen, und weniger, was man sehen konnte. Doch beim Denken gibt es – wie beim Film – den Stopptrick, bei dem plötzlich etwas anderes auftaucht, ohne daß man darauf ständig Einfluß nehmen kann. Die vierte Dimension hat irgendetwas Plötzliches an sich, was uns erlaubt, sie mit dem sich damals immer stärker durchsetzenden Konzept des Zufalls zusammenzubringen. Natürlich wußte die Physik, die Einstein losgetreten und Heisenberg übernommen hat, zu der Zeit, als die kubistischen Bilder gemalt wurden, noch nicht, daß sie irgendwann im Reich des Zufalls ankommen würde, wo keine Kausalordnung mehr auszumachen ist. Aber wir wissen das im Rückblick von heute, und so erlauben wir uns die Vermutung, daß die vielen damals unternommenen Versuche, eine weitere Dimension zu fassen – als Zeit, als Medium, als Geistiges, als Metapher –, darauf hinweisen, daß die künftige Beschreibung der Welt vierdimensional sein wird oder sein sollte. Die neue Dimension, die man zum Verständnis des Wirklichen benötigte, war aber nicht die Zeit, sondern der Zufall, und zwar in der objektiven Form, die Heisenberg ihm gab und die Einstein verwarf. Diese Ansicht muß natürlich begründet werden. Das wird auch passieren, aber erst, wenn Einstein und Picasso abgetreten sind bzw. sich zurückgezogen haben. Noch sind sie jung, und möglicherweise denken sie darüber nach, in ein Kino zu gehen.

Zeit im Raum

Es muß Picasso fasziniert haben, als er miterleben konnte, wie die Bilder laufen lernten und dabei eine neue Dimension bekamen, nämlich die der Zeit. Und er wird sich Gedanken über die Frage gemacht haben, ob und wie es ihm als bildenden Künstler gelingen kann, ebenfalls die Stadien einer Bewegung festzuhalten, und zwar auf der einen Fläche, die ihm zur Verfügung steht und die wir Leinwand nennen. Er löste diese Aufgabe, indem er – etwa in seinem berühmten Gemälde *Les Demoiselles d'Avignon* von 1907 (Abb. 2) – sich nicht um die Bewegung eines Gegenstandes oder einer porträtierten Person kümmerte, sondern sich auf die zeitlichen Möglichkeiten eines Beobachters – also seine eigene – konzentrierte. Picasso selbst konnte sich ja bewegen und dabei im Gedächtnis festhalten, wie das Gesehene unter verschiedenen Blickwinkeln wirkte. Picasso stellte sich also vor, wie er etwa um einen Menschen herumgeht und dessen Kopf anvisiert, und die einzelnen Strukturen, die ihm dabei auffielen – ein Nasenloch von rechts oder links, eine Ohrmuschel von unten oder oben, ein Auge aus der Nähe und der Ferne –, trug er als Markierung seiner Erinnerung auf die Bildfläche auf.

Mit anderen Worten, Picasso verwandelte Zeit in Raum. Aus seiner Zeit in der Welt wurde der Raum auf seinem Bild. Oder etwas genauer: Picasso machte aus dem zeitlichen Nacheinander, das ein Beobachter in der Wirklichkeit registrieren kann, das räumliche Nebeneinander, das der Betrachter auf einer kunst- und liebevoll angefertigten Bildszene vor Augen hat.

Und während Picasso im Kino und im Kopf mit Raum und Zeit spielte und sich bemühte, die beiden auszutauschen und dadurch zu verbinden, unternahm Einstein auf der wissenschaftlichen Ebene der Kultur dasselbe, nur mit anderen Mitteln, mit anderen Vorgaben und anderen Folgen. Er fügte Raum und Zeit derart fest zusammen, daß sie allein gar nicht mehr existieren konnten: Durch Einsteins Gedankenarbeit entstand eine Raumzeit, und wenn seine physikalischen Einsichten zutreffen, dann leben wir in solch einer zusammengefügten Welt, die notwendigerweise vier Dimensionen hat (was uns jetzt vertraut sein sollte).

Den Weg zu dieser Raumzeit hat Einstein leider nicht im Kino gefunden. Jedenfalls ist nicht bekannt, ob damals in Bern die Möglichkeit dazu bestand und von ihm genutzt wurde. Einstein saß also abends nicht in einem Lichtspielhaus, sondern statt dessen vor den ehrwürdigen Werken der Physik, die das 19. Jahrhundert hervorgebracht hatte, und die dazugehörigen kinematographischen Bilder liefen nur in seinem Kopf ab. Die Zeit, die Picasso im Kino mit seinen Augen entdeckte, kam Einstein beim Lesen in den Sinn, was derjenige beachten muß, der in einem Dialog entwickeln möchte, was beide gesehen haben und sehen konnten. Es waren zwar wundervolle Texte, die Einstein las, aber ihm gefiel keineswegs alles, was seine Wissenschaft bot, und eigentlich störte ihn eine ganze Menge. Wesentliche Einzelteile fügten sich nicht zusammen, was dem gesamten Gebäude der Physik trotz imposanter Einzelstockwerke ein schiefes und damit häßliches Aussehen gab. Dies wollte und mußte korrigiert werden, und zwar grundlegend, und so machte sich Einstein ans Grübeln.

Wenn man es mit dem Modell eines Hauses ausdrücken will, bestand die Physik aus zwei Stockwerken, die nach den Namen ihrer Architekten benannt waren. Erst hatte Isaac Newton im 17. und 18. Jahrhundert eine mechanische Ebene entworfen, auf der alle Bewegungen Platz finden konnten – die von fallenden Äpfeln auf der Erde ebenso wie die von kreisenden Planeten am Himmel. Die Menschen schwärmten damals und schwärmen bis heute vom Newtonschen Universum, in dem sich alles geordnet und berechenbar vollzieht. Die Begeisterung war riesengroß, und so wurde übersehen, daß es doch nicht gelungen war, *alle* Bewegungen mit einem Schlag zu erfassen. Da war zum Beispiel noch das Licht, mit dem es (mindestens) zwei Probleme gab. Um das erste kümmerte sich die ganze Welt und um das zweite Albert Einstein.

Die erste Frage taucht auf, wenn man sich erinnert, was damals offenkundig zu sein schien, daß sich nämlich Lichtstrahlen als Wellen ausbreiten. Wenn dies der Fall ist, wird ein Medium benötigt, in dem sich das Licht bewegt. Schall wird zum Beispiel durch Luft oder Knochen übertragen, Wasserwellen zeigen sich im Ozean – und worin tummelt sich das Licht?

Die Physiker suchten mit aller Intensität nach diesem Medium, dem sie den aus der Antike überlieferten Namen »Äther« gaben, und übersahen dabei das zweite Problem, das sich in einer fehlenden Symmetrie – einer Asymmetrie – zeigte. Sie zeigte sich zwischen dem Newtonschen Stockwerk und dem Gebäudeteil, der im 19. Jahrhundert unter Anleitung des »Architekten« James Clerk Maxwell darüber errichtet worden war. Maxwells Physik war nicht für die mechanischen Bewegungen zuständig, die Newtons System erfaßte. Maxwells Theorie betraf elektrische und magnetische Erscheinungen. Der schottische Physiker konnte sie durch Wechselwirkungen von elektrischen und magnetischen Feldern erklären und das Licht als etwas beschreiben, das aus beiden Qualitäten zusammengesetzt ist.

Aus Maxwells Sicht bewegt sich Licht als eine elektromagnetische Welle. Das paßt zwar auf den ersten Blick mit den obenerwähnten Vorstellungen zusammen, aber nur auf den ersten. Als Einstein einen zweiten Blick auf Maxwells grandiose Theorie warf, bemerkte er etwas Merkwürdiges im Hinblick auf die Geschwindigkeit des Lichts. Während sich zum Beispiel die Geschwindigkeit eines Spaziergängers oder einer Tasche an seiner Hand ändert, wenn er statt am Fuß einer Rolltreppe stehenzubleiben mit ihr hinauffährt – und alles noch schneller wird, wenn er dabei ihre Stufen erklimmt –, während also mechanische Bewegungen langsamer oder schneller werden, wenn ihnen etwas hinzugefügt (das Laufen der Rolltreppe) oder weggenommen wird (beim Erreichen ihres Endes), bleibt die Geschwindigkeit des Lichts unverändert, wenn man Maxwells Gleichungen vertrauen darf. Ob unser Spaziergänger steht oder fährt oder dabei noch rennt – das Licht, das aus der Taschenlampe in seiner Hand austritt, kümmert sich um all das nicht, wenn es Teil der Welt ist, die von Maxwell beschrieben wird. Es bewegt sich hier, anders als bei Newton, mit konstanter Geschwindigkeit, und Einstein entschied, daß es überall so sein soll. Er legte für die ganze Physik fest, daß die Geschwindigkeit des Lichtes immer gleich ist. Punkt.

Diesen harten Punkt setzte Einstein, um das Maxwellsche Stockwerk so auf die Newtonsche Ebene plazieren zu können, daß es paßte. Es ging Einstein um die Schönheit des Gebäudes, auf dem seine Wissenschaft aufbaute, und er hielt an diesem Gedanken fest, auch wenn er auf den ersten Blick widersinnig scheint, da er zwar dem Birnchen der Taschenlampe unterschiedliche Geschwindigkeiten erlaubt, dem von ihm ausgestrahlten Licht aber nicht.

Natürlich war mit dieser – damals nicht nachprüfbaren und bis heute umstrittenen – freien Festlegung Einsteins noch nichts erreicht und nur die Aufgabe formuliert, die es nun zu lösen galt. Sie bestand darin, die seit Jahrhunderten so hochverehrte Newtonsche Physik so abzuwandeln, daß sie sich den Anforderungen der Maxwellschen Konstruktion anpaßte. Und für den hier ausgebreiteten Sachverhalt ist wichtig, daß Einstein vor rund einhundert Jahren zum ersten Mal sah, was er zu tun hatte, um sein Ziel einer Physik aus einem Guß zu erreichen. Man muß sich darüber wundern, wie er den Mut haben konnte, sich an die gigantische Aufgabe zu wagen, die es zu lösen galt. Er war nämlich zu dem Schluß gekommen, daß es nötig sei, sich ernsthaft Gedanken über diese merkwürdig rätselhafte Grundgröße »Zeit« zu machen, die wir zur Beschreibung der Welt brauchen, und dies hat er in den folgenden Jahren dann auch getan. Irgend etwas stimmte nicht an dem Umgang, den die Physiker mit ihr pflegten, und Einstein machte sich daran, dies zu ändern.

Dabei ist etwas Bemerkenswertes passiert, das oft übersehen wird. Denn trotz seiner hier noch zu beschreibenden wunderbaren Einsichten in das Wesen der Zeit, wie man so schön sagen kann, ist das Phänomen nicht klarer, sondern eher noch rätselhafter geworden. Und tatsächlich – trotz Einsteins Nachdenken, trotz aller Präzisionsuhren und trotz aller philosophischen Analysen – tritt uns die Zeit nach wie vor als »ein zügelloses Phänomen« entgegen, wie es der Niederländer Cees Nooteboom einmal ausgedrückt hat.[9] Die Zeit entzieht »sich dem Verständnis …, dem wir, mangels besserer Möglichkeiten, den Schein einer Ordnung gegeben haben. Zeit ist das System, das dafür sorgen soll, daß nicht alles gleichzeitig geschieht«, wie Nooteboom am Ende des 20. Jahrhunderts schreibt, an dessen Anfang sich Einstein mit der Frage plagte, wie jemand wissen kann, ob etwas gleichzeitig geschieht. Darum vor allem schien es ihm in der Physik – und im Leben – zu gehen, um Ereignisse, die in ein und demselben Moment eintreten. Einstein wollte nun herausfinden, wie sich bestimmen läßt, ob zwei Ereignisse an unterschiedlichen Orten zu ein und demselben Zeitpunkt stattfinden, etwa das Eintreffen einer Person in einem Kino und das Vorrücken des Zeigers eines Chronometers auf die von ihm angezeigte Uhrzeit.

Der Gedanke ist reizvoll, Einstein hätte seine Überlegungen dazu in einem Gespräch mit Picasso erörtert, nachdem beide gleichzeitig ein Kino am Montmartre betreten und vielleicht sogar zufällig nebeneinander Platz genommen hätten, doch leider hat solch eine Möglichkeit nicht bestanden. Um 1904 hatte Einstein gar nicht genug Geld, um nach Paris zu reisen, und den Weg ins Kino hätte er allein deswegen nicht gefunden, weil er nur in seinen Mußestunden dazu kam, sich die Gedanken zu machen, für die er heute berühmt ist.

Eine erste Weltlinie

Einstein, der Abenteurer im Kopf, agierte eher bürgerlich im Alltag. Während Picasso es riskierte, als freier Künstler unabhängig zu leben, hatte sich Einstein in die Sicherheit eines Amtes geflüchtet, was nach Dienstschluß nur wenig Zeit für das Erkunden der Zeit ließ. Sie reichte allerdings aus, um etwas zu finden, an dem wir bis heute zu knabbern haben. Einsteins Nachdenken über die Zeit brachte ihn nämlich dazu, das im gewöhnlichen Gebrauch problemlose und vielverwendete Konzept der Gleichzeitigkeit als höchst problematisch und untauglich zu erkennen. Da sich bei seinem Grübeln zudem herausstellte, »daß alle unsere Urteile, in welchen die Zeit eine Rolle spielt, immer Urteile über *gleichzeitige Ereignisse* sind«[10], sah er sich gezwungen, mehr zu ändern als nur das herkömmliche Festlegen von und Festhalten an gleichzeitigen Vorkommnissen. Einstein mußte das bisherige Verständnis der Grundgröße Zeit ändern. Es stimmte damals nicht, und es stimmt heute nicht, was naiv seit Jahrhunderten geglaubt wurde, weil es ein großer Physiker namens Isaac Newton gesagt hat, daß nämlich die Zeit ein durch nichts beeinflußbares – und somit absolutes – Etwas ist, das wie ein riesiger Fluß unbeirrt und ruhig seine Bahn durch unsere Wirklichkeit zieht. Als Einstein nach Feierabend über die Zeit nachdachte, fiel ihm zu seiner eigenen Überraschung auf, daß sie nicht absolut festgelegt werden kann, sondern nur relativ gegeben ist, nämlich in bezug auf eine Uhr, mit der sie gemessen wird. Zeit ist das, so Einstein zunächst am Abend im Freundeskreis und dann öffentlich in seinen Texten, was eine Uhr anzeigt, und was eine Uhr anzeigt, hängt von dem Ort ab, an dem sie steht oder liegt oder hängt. Mit anderen Worten, Zeit ist nicht vom Raum zu trennen, was zu der merkwürdigen Einsicht führt, daß wir in einer Raumzeit leben – und uns auch nur dort treffen können.

»Raumzeit« ist ein Wort, das im Gegensatz zu seinem gespiegelten Zwilling »Zeitraum« Schwierigkeiten macht, was einfach damit zu tun hat, daß wir Menschen uns räumlich besser orientieren können als zeitlich. Und ein Zeitraum ist mehr ein Raum als Zeit, da im Deutschen die entscheidenden Silben am Schluß auftreten. Menschen stammen von Vorfahren ab, die sich gut in der räumlichen Umgebung ihres Körpers auskennen und zum Beispiel

Entfernungen abschätzen können mußten. Nach der bekannten These eines Evolutionsbiologen haben alle Affen, die kein genaues Bild des Astes im Kopf hatten, nach dem sie sprangen und deshalb danebengriffen und abstürzten, kaum die Gelegenheit gehabt, Nachfahren zu zeugen, und deshalb kommen sie nicht als unsere Vorfahren in Frage. Und wer nicht geeignet reagierte, weil er den Abstand zu einem Raubtier nicht zutreffend abschätzen konnte, den ereilte dasselbe Schicksal.

Zu unserer Evolution gehört in diesem Verständnis ein sehr gutes Raumgefühl, was zumindest für die jagenden Männer gilt, in deren Lebensführung kein entsprechender Hinweis auf die Rolle der Zeit zu entdecken ist. Mit der Bewältigung der (höchst konkreten und davoneilenden) vierten Dimension mußten sich möglicherweise mehr die Frauen abplagen, die etwa in der Lage sein mußten, ein Feuer nicht nur zeitig zu entfachen, sondern es auch über eine lange Zeit hin am Brennen zu halten. Frauen kommen in der Zeit besser zurecht als im Raum, was aber nicht unbedingt den Schluß zuläßt, daß sie es nun mit Einsteins Raumzeit leichter haben.

Unabhängig davon macht eine vierdimensionale Welt auf jeden Fall allein deshalb Mühe, weil die Physik dabei mit ihrem Sachverstand nahtlos zusammenführt, was die Menschen ohne wissenschaftliche Hilfe mit ihrem gesunden Menschenverstand trennen – nämlich Raum und Zeit. Die maßgebliche Konsequenz der anti-intuitiven Verbandelung besteht darin, daß die Zeitangabe für ein Ereignis nur Sinn macht, wenn zugleich der Ort genannt wird, an dem es eintritt. Da Raum und Zeit bruchlos (kontinuierlich) zusammen die Welt ausmachen, in der wir leben und uns bewegen, hat sich in der Physik der Ausdruck »Weltlinie« für die Bahn eingebürgert, die jedem physikalischen Objekt zugeordnet werden kann, das sich in der Zeit durch den Raum bewegt. Letzteres tun wir natürlich alle, und jede Biographie eines Menschen stellt damit seine Weltlinie dar. In ihr wird beschrieben, was eine Person mit gegebenem Alter in der Stadt oder dem Land gemacht hat, in dem sie zu der Zeit gerade lebte oder arbeitete.

Einsteins Weltlinie beginnt im März 1879 im Ulm und springt dann rasch nach München, weil sein Vater hier eine bessere Geschäftsentwicklung erwartet. Als sie nach Anfangserfolgen eines Tages ausbleibt, zieht Hermann Einstein mit Frau Pauline und Tochter Maja nach Italien. Der fünfzehnjährige Knabe Albert soll in Bayern bleiben und dort das Gymnasium beenden, um im Anschluß daran studieren und etwas Anständiges werden zu können. Besonders seine Mutter zählt auf Alberts Beitrag zum sozialen Fortkommen der Einsteins, da sie vom Talent ihres Sohnes überzeugt ist und es fördert, so gut es geht. Sie kümmert sich um seine Ausbildung, zu der auch das Erlernen des Geigenspiels gehört.

Doch der Teenanger will nicht allein in München bleiben und dem etwas dumpfen Drill der damaligen Studienräte ausgesetzt sein. Als er herausfindet, daß er in Zürich studieren kann, ohne einen Schulabschluß vorzuweisen – er braucht nur eine Aufnahmeprüfung zu bestehen –, macht sich der jungendliche Einstein auf den Weg in die Schweiz. Zwar scheitert der 16jährige bei seinem ersten Versuch, von der damals noch als Polytechnikum bekannten Eidgenössischen Technischen Hochschule (ETH) aufgenommen zu werden, aber dies liegt nicht an seinen Leistungen in Physik und Mathematik. Was ihm fehlt, sind allgemeine Kenntnisse und die der Schweizer Landeskunde. Sie holt er 1895 in der Aargauer Kantonsschule nach, und ein Jahr später betritt Einstein als neugieriger Student die Welt der Physik, der bald – wie erwähnt – dramatische Entwicklungen ins Haus stehen.

Sie zeigen bald Wirkung auf der gesellschaftlichen Ebene. Denn während Einstein in der Schweiz studiert, bereitet man in Schweden nach dem Tod Alfred Nobels die Gründung einer Stiftung vor, die von 1901 an den bis heute berühmtesten Preis der Wissenschaft verleiht, eben den Nobelpreis. Und als erster ausgezeichnet wird der Physiker Wilhelm Conrad Röntgen für seine Entdeckung einer neuen Art von Strahlen, die zwar mit der merkwürdigen Qualität ausgestattet sind, unsichtbar zu sein, die aber paradoxerweise gerade dazu benutzt werden können, etwas sichtbar zu machen, nämlich den Unterschied zwischen Haut und Knochen oder den zwischen Knochen und Metall. Die unsichtbaren Röntgenstrahlen erlauben es, auch dort Einblicke zu nehmen, wo das sichtbare Licht nicht hinreicht, und besonders beeindruckend und spannend ist es, den menschlichen Körper zu durchleuchten (etwas, das heute langweilige Routine geworden ist, nur noch lästig ist und nebenbei erledigt wird).

Zu dem Zeitpunkt, zu dem die Wissenschaft zugleich aufregend und erregend wird und ihre ersten Feste feiert, hält der jetzt 22jährige Einstein bereits sein Diplom als »Fachlehrer in mathematischer Richtung« in Händen, was ihm allerdings nicht viel nützt. Er hat nämlich bei seinem Abschlußexamen nicht gerade hervorragend abgeschnitten, und kein Professor bietet ihm an, weiter an der Universität zu arbeiten. Sowohl die Bewertung als auch die Abweisung haben allerdings weniger mit Einsteins physikalischen Fähigkeiten und mehr mit seiner Grundeinstellung zu tun, die wir heute antiautoritär nennen würden. Einstein kann das Gehabe der Ordinarien nicht ertragen, und zwar vor allem deshalb, weil die Herren Professoren nicht merken, wie erbarmungswürdig mangelhaft die Physik letztlich immer noch ist, auf die sie so stolz sind und die viele von ihnen bereits für nahezu perfekt halten.

Einstein liebt es, seinen Finger in die Wunden seiner Wissenschaft zu legen, und er erhofft sich dadurch großes Lob bei seinen akademischen Lehrern. Doch da hat er sich geschnitten, und so steht er nach dem Abschluß seiner Studien abgelehnt und arbeitslos da. Diese Situation ärgert ihn vor allem deshalb, weil er in eine Kommilitonin namens Mileva Marič verliebt ist und sie heiraten will. Er tut dies gegen den Willen seiner Mutter und nach dem Tod seines Vaters in dem Jahr (1903), in dem der Nobelpreis für Physik für die Entdeckung der Radioaktivität an das Ehepaar Pierre und Marie Curie und Antoine Henri Becquerel vergeben wird. Zwar lernen wir heute eher gelangweilt in der Schule, daß es radioaktive Strahlen gibt, die ebensowenig sichtbar sind wie die Röntgenstrahlen. Doch damals regt etwa das von Marie Curie entdeckte Radium die Menschen derart auf, daß man sogar ein Musical – *Der Radium-Tanz* – in Auftrag gibt, das von dem Ungarn Jean Schwartz komponiert und 1904 am brodelnden Broadway in New York uraufgeführt wird.[11]

In diesem Jahr hat Einstein seinen ersten Sohn zu versorgen, was aber kein grundsätzliches Problem mehr für ihn darstellt, da ihm – nachdem er Schweizer Staatsbürger geworden war – dank der Vermittlung lokaler Freunde eine Anstellung am Eidgenössischen Amt für Geistiges Eigentum (dem Patentamt) in Bern angeboten wird, und mit den knapp 4000 Franken, die er damit pro Jahr verdient, kann er seine kleine Familie problemlos ernähren. Die Wohnung in Bern ist zwar klein, aber Einstein lebt gern in der Stadt an der Aare. Es gefällt ihm unter anderem auch deshalb, weil das Flußufer Gelegenheit zu ausgedehnten Spaziergängen mit seinen Freunden bietet, denen der mittlerweile 25jährige Einstein erläutern kann, was ihm an der sonst so heilig gehaltenen Physik des 19. Jahrhunderts suspekt erscheint.

Wir erwähnen das Alter von Einstein deshalb mehrfach, weil in der Öffentlichkeit vor allem das Bild von einem alten, weißhaarigen Einstein verbreitet ist. Wer an Einstein denkt, hat ziemlich rasch den 72jährigen Herrn mit dem etwas runzligen Gesicht vor Augen, der uns von zahlreichen Postkarten und von wo sonst noch immer seine Zunge herausstreckt. Dieser schelmische Witzbold hat aber nicht die schwierige Physik zustande gebracht, um die es hier geht. Das war vielmehr ein jungendlicher Twen mit dichten schwarzen Haaren und hübschem Gesicht, den man sich – zum Leidwesen seiner Frau – ruhig als äußerst attraktiv vorstellen soll und der seine Manneskraft weder versteckte noch unterschätzte. Als er später einmal gefragt wurde, ob sich in aller Kürze erklären lasse, was er mit Relativität meine, hat der inzwischen prominente Einstein zur allgemeinen Heiterkeit geantwortet: »Eine Stunde mit einem hübschen Mädchen vergeht wie eine Minute, aber eine Minute auf einem heißen Ofen scheint eine Stunde zu dauern« (wobei er hartnäckigen Gerüchten zufolge und der sprachlichen Symmetrie zuliebe bei dem Mädchen dasselbe Attribut wie bei dem Ofen benutzt haben soll).

Und noch etwas – Einstein sollte man sich nie allzu ernst vorstellen, es sei denn, es geht ihm um Physik und andere Formen der Forschung. Wenn das Nachdenken darüber erledigt ist, das für ihn eine reine Freude ist, bei der er sich nicht stören lassen will, wenn die Wissenschaft beiseite gelegt werden kann, wird Einstein zu einem großen Kind, das sich nicht unbedingt an Verhaltensvorschriften hält und am liebsten tut, was es will. Natürlich fällt es Einstein leicht, auf diese sonst nur Kindern zugestandene Weise zu agieren, als er berühmt ist und gefeiert wird. Aber er tritt auch schon vorher auf witzige Weise auf, sogar zu der Zeit, als er noch ein völlig unbekannter Angestellter am Patentamt ist. Dort erfährt er zum Beispiel, daß ihm die Universität Genf im Jahre 1909 – zur Feier des 350. Jahrestages ihrer Gründung durch den Reformator Johannes Calvin – einen Ehrendoktortitel verleihen will. Nun reist Einstein erstens im einfachen Straßenanzug zu den Feierlichkeiten, was einen lustigen Eindruck machen muß, als er neben einigen Frackträgern steht. Aber es kommt noch schlimmer, denn bei dem opulenten Festessen, das sich der Zeremonie anschließt, schockt er seine Sitznachbarn mit dem Hinweis, daß Calvin, sollte er hier auftauchen, die gesamte Gesellschaft wegen sündhafter Schlemmerei auf einen Scheiterhaufen bringen und dort verbrennen lassen würde.

Den erwähnten Ehrendoktorhut bekommt Einstein für seine 1905 publizierte Arbeit, die den Grund für die Relativitätstheorie legt und fachlich korrekt *Zur Elektrodynamik bewegter Körper* heißt. In ihr weist Einstein nach, was oben bereits angedeutet worden ist, »daß wir dem Begriff der Gleichzeitigkeit keine *absolute* Bedeutung beimessen dürfen, sondern daß zwei Ereignisse, welche von einem Koordinatensystem aus betrachtet, gleichzeitig sind, von einem relativ zu diesem System bewegten System aus betrachtet, nicht mehr als gleichzeitige Ereignisse aufzufassen sind«.

So Einsteins Originalton von 1905, den man leichter verständlich machen kann, wenn man das zwar korrekte, aber zugleich schwerfällige und abstrakte Koordinatensystem durch ein konkretes Flugzeug oder eine handfeste

Rakete ersetzt. Einstein zeigt mit seinen umherspazierend erprobten Überlegungen, daß jemand, der zwischen zwei Orten unterwegs ist, erleben kann, wie sich Vorfälle nacheinander abspielen, die vom Standpunkt eines ruhig dasitzenden Ortsansässigen aus zum gleichen Zeitpunkt eintreten.

Das bis heute immer noch schwierige Konzept der Gleichzeitigkeit versucht Einstein einmal dadurch zu erläutern, daß er das räumliche Gegenstück einer »Gleichörtlichkeit« einführt, das tatsächlich sehr hilfreich ist. In einem um 1917 entstandenen Text, in dem er »die hauptsächlichen Gedanken der Relativitätstheorie« formuliert, schlägt er vor, sich den Sinn der folgenden beiden Aussagen zu überlegen: »Zwei Ausbrüche des Vesuv finden zu verschiedener Zeit, aber an demselben Orte statt (nämlich am Krater des Vesuv). Das Aufleuchten zweier entfernter ›neuer Sterne‹ findet zu derselben Zeit aber an verschiedenen Orten statt.«

Einstein selbst kommt zu folgendem Ergebnis: »Seit langem weiß man, daß die Aussagen der ersten Art (über die Gleichörtlichkeit) keinen Sinn haben. In der That dreht sich ja die Erde um die Achse, bewegt sich dabei um die Sonne, und bewegt sich mit dieser noch obendrein nach dem Sternbilde des Herkules hin. Man kann also doch nicht ernsthaft behaupten, daß beide Ausbrüche des Vesuv an demselben Ort des Weltalls stattgefunden hätten. Man sieht an diesem Beispiele leicht, daß wir derartigen Aussagen über die Gleichörtlichkeit überhaupt keinen Sinn beimessen können. Wir können nur sagen: die beiden Ausbrüche des Vesuv finden an demselben Orte *inbezug auf die Erde* statt.« Die Erde spielt in dieser Aussage die Rolle eines »Bezugskörpers«; örtliche Aussagen haben nur dann einen Sinn, wenn sie auf einen Bezugskörper bezogen werden.

An dieser Stelle vollzieht Einstein den Schritt zur Gleichzeitigkeit, was problematisch ist, wie er selbst weiß, weil man zunächst geneigt ist, »einen Menschen für geisteskrank zu erklären, der behauptet, die Aussage vom gleichzeitigen Aufleuchten zweier Sterne hätte keinen bestimmten Sinn, wenn man nicht einen Bezugkörper aufweise, auf den sich die Aussage über Gleichzeitigkeit beziehen solle. Und doch«, so Einstein weiter, »ist die Wissenschaft durch die überzeugende Gewalt von Erfahrungsthatsachen dazu gezwungen worden, dies zu behaupten.«

Es geht dabei um die Erfahrungen, die mit der Ausbreitung des Lichts gemacht worden sind und die in dem sogenannten Relativitätsprinzip zusammengefaßt werden können. In ihm wird paradoxerweise konstatiert, daß die Naturgesetze unabhängig vom Bewegungszustand eines Bezugskörpers sind, wobei das Paradoxe einfach darin liegt, daß hier ein Anspruch auf absolute Gültigkeit »relativ« genannt wird. Es kann also selbst in der exakten Physik sprachlich verwirrend zugehen, was immer wieder in den Griff bekommen werden muß und wobei man nicht leichtfertig vorgehen darf.

Zunächst geht es darum, Einsteins widersprüchlich genannte Gedanken widerspruchfrei anwenden zu können. Und wer dies unternimmt, kommt – wie angedeutet – nicht um einen schweren Verzicht herum: Er muß die Hypothese von einem absoluten Charakter der Zeit aufgeben. Wie Einstein als erster in aller Klarheit erkennt, kann Zeit nur relativ zu einem Bezugskörper definiert werden, womit natürlich eine Uhr gemeint ist. Zeit ist das, was eine Uhr anzeigt, legt Einstein für uns und alle bisherigen Zeiten fest. Allerdings muß er diesem einleuchtenden Gedanken noch eine knifflige Raffinesse hinzufügen. In seinen fachlich korrekten Worten hält Einstein 1905 fest, daß Zeit über einen Bezugskörper ermittelt werden muß und daß dies nur möglich ist, wenn »inbezug auf ihn das Gesetz von [der Konstanz] der Lichtgeschwindigkeit gültig ist«. Das ist so gemeint: Wer auf einen Bezugskörper – etwa eine Armbanduhr – blickt, weiß nicht sofort, welche Zeit sie anzeigt. Es dauert nämlich etwas, bis das Licht vom Zifferblatt ein zuständiges Sinnesorgan erreicht, und in dem Augenblick (!) zeigt die Uhr schon eine andere Zeit an.

Zwar können wir im Alltag so tun, als ob uns die Information ohne die mit der Ausbreitung des Lichts verbundene Verzögerung zur Verfügung steht, aber dann nehmen wir, physikalisch gesprochen, an, daß sich das Licht unendlich schnell ausbreitet. Genau dies versagt Einstein ihm, und nicht nur das. Er erlaubt dem Licht nicht einmal, seine Geschwindigkeit zu ändern. Er setzt diese als konstant fest, und er tut dies zwar aus einem ästhetischen Bedürfnis heraus, aber ansonsten trifft er damit eine freie Entscheidung, die sich nicht durch andere Tatsachen beeindrucken läßt (auch wenn sie experimentell noch so gesichert erscheinen). Indem Einstein sich (und uns) auf eine Konstanz der Lichtgeschwindigkeit festlegt, hofft er darauf, eine schönere Physik – ein harmonischeres Gebäude – zustande zu bringen. Ob sich seine Erfindungen im Kopf anschließend in der Praxis bewähren, kann er zwar zunächst nicht wissen, können wir aber inzwischen zur Kenntnis nehmen. Einsteins Physik ist schön und richtig zugleich. Leider wird sie durch diese beiden Eigenschaften nicht leichter.

Eine zweite Weltlinie

Warum Einstein solchen Wert auf die von Anfang an umstrittene und bis heute von vielen Menschen bezweifelte Konstanz der Lichtgeschwindigkeit legt, wird uns noch beschäftigen. Wir wollen es an dieser Stelle genug mit der Physik sein lassen und uns der anderen Weltlinie zuwenden, deren Verlauf für das 20. Jahrhundert so bedeutend geworden ist und die 1881 ihren Anfang im andalusischen Malaga nimmt. Hier kommt im Oktober Pablo Picasso zur Welt, wobei es rund zwei Jahrzehnte dauert, bis er diesen Namen bekommt bzw. sich für ihn entscheidet. Picasso heißt seine Mutter – María Picasso de Ruiz, um ganz genau zu sein –, und sie ist verheiratet mit José Ruiz Blasco, der als Maler und Lehrer an der Kunstschule vor Ort arbeitet.

»In der Geschichte der Malerei ist Picasso eines der ganz seltenen Wunderkinder«[12], wie es in Biographien heißt, die ebenfalls darauf hinweisen, daß sein Vater ihm früh die notwendigen handwerklichen Fähigkeiten beibringt und der Zwölfjährige das Gefühl hat, er könne malen wie Raffael. Ein Jahr zuvor war er in die Kunstschule von La Coruña aufgenommen worden, und Gerüchten zufolge soll der Knabe Picasso in diesem Alter seine erste Ausstellung arrangiert haben, und zwar in einem Schirmgeschäft. 1895 zieht die Familie nach Barcelona, wo es nicht lange dauert, bis der 15jährige Picasso sich zur Aufnahmeprüfung für die Kunstschule La Lonja meldet und sie besteht. Sein Vater ist beeindruckt, und er richtet dem Sohn ein eigenes Atelier in der Nähe der elterlichen Wohnung ein. Hier fertigt Picasso sein später preisgekröntes Ölgemälde *Wissenschaft und Nächstenliebe* (1897) an, das drei Personen zeigt, die um ein Krankenbett versammelt sind – einen Arzt und eine Schwester mit einem Kind auf dem Arm – und sich auf unterschiedliche Weise der dort liegenden Patientin zuwenden.

Wie der skizzierten Chronik zu entnehmen ist, machen Einstein und Picasso als Teenager sowohl gleichartige als auch gegensätzliche Erfahrungen. Sie wechseln beide weitläufig ihren Wohnort und beginnen mit ersten selbständigen Schritten, wobei der Spanier von seinem Vater gefördert wird, während der Deutsch-Schweizer zwar ohne die entsprechende Direkthilfe auskommen muß, wohl aber in Winterthur mit einem Mann namens Paul Winteler zusammentrifft, der an die väterliche Stelle tritt. In dem Jahr, in dem er sich auf die Universität vorbereitet, lebt der jugendliche Einstein in der Familie, dessen Oberhaupt er als »Papa Winteler« anredet.

Als 16jährige stehen Einstein und Picasso auf eigenen Füßen, was im zweiten Fall konkret den Wechsel nach Madrid meint, wo die Schule von San Fernando das aufstrebende Talent aufnimmt. Hier verhält er sich ähnlich wie Einstein in Zürich, was heißt, daß Picasso die Kurse der Akademie, deren Schüler er offiziell ist, kein einziges Mal besucht. Dort gibt es für ihn nichts zu lernen, wie er stolz und selbstbewußt Freunden gegenüber sagt.

Picasso unternimmt dafür etwas anderes, nämlich Streifzüge durch die Landschaft Kataloniens um das Dorf Horta herum. Er erkundet die menschenarme Gebirgslandschaft, nimmt sie bewußt genießend als schön wahr und entdeckt durch eigene Erlebnisse, was Kunsthistoriker als den Grundgedanken der romantischen Kunsttheorie kennen, »daß nämlich die eigentliche Schönheit etwas Ursprüngliches sei, das durch akademische Kunstregeln nur verborgen werde …« Diese Erkenntnis bedeutet den Bruch mit der akademischen Denkweise des Vaters, wobei zusätzlich anzumerken ist, daß Picasso seinen jetzt möglichen eigenen Zugang zur Wirklichkeit später im Kubismus »in ein malerisches System gebracht« hat.[13]

Während sich Picasso am Ende des 19. Jahrhunderts unmittelbar auf das Naturschöne einläßt, berauscht sich Einstein – wie skizziert – an einer besonderen Form des Kunstschönen, die seine Lehrer in ihrer akademischen Oberflächlichkeit übersehen und verpaßt haben. Einstein tut dies außerhalb von Deutschland, nachdem er sich innerlich vom Land seiner Geburt losgesagt hat, was Picasso nicht in den Sinn kommt. Bei ihm erkennen wir statt dessen in dieser Hinsicht etwas Gegenteiliges, nämlich eine Hinwendung zu seinem Vaterland. Dies hängt mit dessen Niederlage im Spanisch-Amerikanischen Krieg von 1898 und der besonderen historischen Entwicklung zusammen, die damit zu Ende geht: Spanien verabschiedet sich nämlich von der Illusion, eine Weltmacht zu sein.

In der Folge zeigen sich allerdings weder kulturelle Lähmung noch allgemeine Resignation. Vielmehr kommt es – im Gegenteil – zur Herausbildung eines neuen spanischen Selbstverständnisses, das mit einem ebenso neuen Nationalstolz verbunden ist. In dieser Aufbruchstimmung entsteht in den künstlerischen Kreisen, in denen Picasso verkehrt, der Wunsch, eine selbständige katalonische Kultur zu schaffen, was den Andalusier aber nicht unbedingt begeistert. Er entwickelt statt dessen »die umfassendere Vorstellung des Mittelmeeres als einer Wiege der europäischen Kunst«[14] und beginnt sich im Detail mit den dazugehörigen Kunsttraditionen vertraut zu machen. Dabei lenkt er auch den Blick über die Landesgrenze hinaus in Richtung Norden, vor allem nach Frankreich, wo gerade im 19. Jahrhundert die Malerei besondere Blüten getrieben hat, deren berühmteste Richtung Impressionismus heißt.

Sie begeistert die Menschen bis heute und lockt sie in Scharen in die Museen. Picasso zieht es im Jahre 1900 nach Paris, wobei er zunächst bei seinen Eltern um Erlaubnis für diesen Schritt bitten muß. Zu dem Zeitpunkt verfügt er nicht über ausreichende Geldmittel, um die Reise bezahlen zu können, was seine Eltern übernehmen. Sie schauen dem Treiben des Sohnes dabei skeptisch zu, der zum Zeitpunkt seines Aufbruchs auch über keinerlei Kenntnisse der französischen Sprache verfügt.

In Paris wird Picasso zu dem Künstler, den wir verehren. Er ändert nicht zuletzt die Signatur seiner Bilder, die bislang vornehmlich aus Zeichnungen bestehen, die vielfach im Stil von El Greco gefertigt sind. Aus P. Ruiz Picasso wird der Name des Vaters getilgt, und im Januar 1901 erscheint als endgültige Kurzformel der berühmte Schriftzug »Picasso«. Zur gleichen Zeit lassen seine Bilder »etwas Eigenes, etwas Neuartiges erkennen: eine einheitliche Stimmung, die durch das Vorherrschen eines Farbtons (hier Hellblau) erzeugt wird. Im Herbst des Jahres 1901 hat Picasso dieses Prinzip dann weiterentwickelt: die ersten Bilder der Blauen Periode entstehen.«[15]

In diesem Stil malt Picasso bis 1904, wobei er in diesem Jahr auch das Atelier auf dem Montmartre bezieht, in dem er die folgenden fünf Jahre bleibt, die für den hier verhandelten Zusammenhang entscheidend sind. Erst beginnt er, das bislang vorherrschende Blau durch Rosa zu ersetzen, wobei er für die Bilder dieser kurzen Periode Motive aus der Welt der Schauspieler und Harlekine nimmt. Die Zirkuskulisse gibt Picasso im Jahre 1905 auf, um sich nun auf etwas völlig Neues einzulassen. Angeregt hierzu hat ihn die Malerei von Paul Cézanne, wie noch genauer zu verstehen gilt. Kurz gesagt, findet Picasso in Einsteins Wunderjahr den Weg in den Kubismus, und das erste Dokument seines Aufbruchs ist das *Bildnis Gertrude Stein*, das im Winter 1905/1906 entsteht und um das sich viele Gerüchte ranken. So soll die Dichterin dem Maler rund neunzig Mal Modell gesessen haben, und die markanten Gesichtszüge der Abgebildeten sollen erst ganz plötzlich in der allerletzten Sitzung gelungen sein. Außerdem wird erzählt, daß Gertrude Stein beim ersten Anblick ihres Konterfeis sich beklagt hat, das Bild sähe ihr doch gar nicht ähnlich. Worauf Picasso geantwortet haben soll: »Das wird es noch.«

Wir werden diesen Gerüchten ein weiteres hinzufügen, nämlich die Annahme, daß Gertrude Stein geredet hat, während sie gemalt wurde. Wir stellen uns vor, sie hat von der Psychologie erzählt, die sie bei William James gelernt hat und bei der es unter anderem um die Frage geht, wie das Gehirn es schafft, sich ein Bild von der Welt zu machen. Womit fängt die Wahrnehmung der Wirklichkeit an? Und wie wird sie abgeschlossen? Und während Gertrude Stein die möglichen Antworten der Psychologen und Physiologen philosophisch ausbreitete und abwog, konnte der Maler gar nicht anders, als seinem Modell zuzuhören.

2 Im Brunnen der Vergangenheit

Zurück bis zur Renaissance

Wer verstehen will, was an Picasso und Einstein neu ist, muß das Alte kennen, von dem sie ausgegangen sind und das ihnen allein bekannt war. Die Physik, die Einstein studierte und zu lernen hatte, war die Physik, wie sie etwa von Michael Faraday und James Clerk Maxwell entworfen worden war. Und die Bilder, an denen sich Picasso orientierte, stammten nicht zuletzt von den Impressionisten und ihren Nachfolgern, unter denen Cézanne herausragte. Um es kurz und bündig zu sagen: Der Weg zu Picasso führt über Cézanne, und Cézanne hat zeitlich gesehen nach den Impressionisten gemalt, von denen er nicht nur begeistert war. Ihm gefielen die Farben, aber er vermißte die Struktur auf den Bildern. Cézanne zeigte sich zwar erstaunt darüber, über welch ein gutes Auge etwa Claude Monet verfügte. Es bleibt aber ein Auge, und das kann nicht allein Licht zum Sehen und Erkennen machen. Für die Ordnung im Bild wird der ganze Kopf benötigt, ohne daß etwa die Physiologie dieser Tage oder die damals neue Psychologie hätte sagen können, wie dies im Detail passiert.

Cézanne machte sich allein an die analytische Arbeit und verschob die Erkundung des Sehvorgangs vom Auge ins Gehirn. Und mit diesen Stichworten fällt es leicht, die zeitgenössischen Naturwissenschaften ins Spiel zu bringen, denn als die bildenden Künstler ihre Aufmerksamkeit vom ersten Sinneseindruck zu seiner Verarbeitung im Nervensystem lenkten, bewegten sich viele Physiologen wie der in Berlin tätige Hermann von Helmholtz in eine vergleichbare Richtung.

Um jedes Mißverständnis zu vermeiden: Hier wird nicht die Ansicht vertreten, daß sich etwa die Entwicklung der Kunst – zum Beispiel hin zum Impressionismus – durch ein Fortschreiten in den Naturwissenschaften erklären läßt. Viel sinnvoller und ergiebiger erweist sich die Annahme, daß sich die beiden geistigen Abenteuer der Menschen ihren eigenen Tendenzen, ihren speziellen Verschiebungen und besonderen Fragestellungen überließen – was sicher sowohl bei Einstein und Picasso als auch bei Heisenberg und Kandinsky der Fall ist. Daraus folgt allerdings nicht, daß beide Bemühungen völlig getrennt und ohne jede Beziehung zueinander erfolgen, und es wirkt eher albern, wenn man die Augen vor der Tatsache verschließt, daß sich das physikalische Verständnis von Farben in dem historischen Augenblick erweitert, in dem sich ebenfalls in der Malerei ein anderer Umgang mit diesen »Taten des Lichts« (Goethe) zeigt. Und daß sich Cézanne in denselben Jahrzehnten Gedanken über die Frage macht, was und wie er sehen kann, in denen sich auch die Physiologen darüber streiten, wo und wie das Bild der Welt entsteht, das wir vor Augen haben, braucht ja ebenfalls nicht absichtlich und gezielt übersehen zu werden.

Also – wir verstehen nur, was neu ist an Picasso und Einstein, wenn wir wissen, mit welchem Stand der Dinge sie vertraut gemacht wurden bzw. sich vertraut machen konnten, und das waren vor allem die Hervorbringungen des 19. Jahrhunderts. Natürlich haben auch die Künstler und Wissenschaftler dieser Epoche das Rad nicht noch einmal erfunden, sondern ihre Vorläufer und Vorbilder gehabt, wobei zum Beispiel Einstein selbst sich unmittelbar auf die Ansichten und Einsichten von Isaac Newton bezog, der mit seinen Schriften im 17. und 18. Jahrhundert als erster die Kühnheit besaß, aus physikalischen Überlegungen zu irdischen Phänomenen – vom Baum fallende Äpfel zum Beispiel – Schlüsse über die Welt als Ganzes zu ziehen. Und Picasso hat sich – wie bereits angedeutet – schon sehr früh an Raffaels Zeichenkunst aus der Zeit der Renaissance geschult und später viel von den Anordnungen und Haltungen der Figuren auf den Gemälden von El Greco aus dem frühen 17. Jahrhundert gelernt.

Bevor befürchtet wird, daß diese rückwärtsorientierte Wanderung immer noch ein Stück fortgesetzt wird und wir uns so weit in die Geschichte hineinziehen lassen, bis wir die beiden Protagonisten aus den Augen verlieren – bekanntlich ist er tief, der Brunnen der Vergangenheit –, kann Entwarnung gegeben werden. Wir sind nämlich an dem Punkt angekommen, von dem aus die europäische Kultur sich erst aufmacht und dann verzweigt, um Jahrhunderte später bei Picasso und Einstein wieder zusammenzukommen. Gemeint ist die Epoche, die wir als Renaissance bezeichnen und in der zum Beispiel Leonardo da Vinci die bewegte Welt in bewegenden Zeichnungen festhält, und bei ihm versucht man vergeblich, eine Unterscheidung zwischen dem Künstler und dem Forscher zu finden. Diese Trennung bleibt auch bei Picasso und Einstein sinnlos, nur daß dies weniger bekannt ist und kaum auffällt, da wir uns schon länger an eine Zweiteilung unserer Kultur in die Bereiche gewöhnt haben, die wir in Natur- und Geisteswissenschaft erfassen und als wissenschaftliche und künstlerische Intelligenz unterscheiden. Dies geschieht gewöhnlich auf Kosten der Naturwissenschaft, deren Vertreter als dumpfe und gedankenlose Sammler von experimentell ermittelten Tatsachen dargestellt und den phantasiebegabten Produzenten künstlerischer Formen aus realem Rohstoff negativ gegenübergestellt werden. Man hört nicht oder will nicht hören, daß Einstein wiederholt betont und ausführlich erläutert hat, daß wissenschaftliche Theorien freie Hervorbringungen des menschlichen Geistes und somit in dieser Hinsicht von Kunstwerken nicht sehr verschieden sind. Und man überhört gern, daß Picasso nicht zögert, den Ausdruck »Forschung« für die Anfertigung von Skizzen und Entwürfen zu verwenden, die der Arbeit an einem geplanten Bild zum Teil Jahre vorausgehen. »Gemälde sind nichts anderes als Forschung und Experiment«, wie er einmal gesagt hat, »Ich male nie ein Bild als Kunstwerk. Alle sind sie Forschungen. Ich forsche unaufhörlich, und in all diesem Weitersuchen liegt eine logische Entfaltung. Deshalb numeriere und datiere ich die Gemälde.«[16]

Die Vermessung des Raumes

Der Grund, warum wir in den Brunnen der Vergangenheit bis in das 15. und 16. Jahrhundert hinabsteigen, hat mit einer Erfindung dieser Epoche zu tun, die ihre Gültigkeit behalten und ihre Überzeugungskraft bewahren konnte, bis Cézanne und Picasso kamen. Es ist eine Erfindung der Kunst mit markanten Folgen für die Wissenschaft. Gemeint ist die Idee der Zentralperspektive (Abb. 4), mit der die Frage beantwortet werden konnte, wie es gelingt, eine Welt aus drei Dimensionen – die vor unseren Augen – auf

Abb. 4 DAS PRINZIP DER ZENTRALPERSPEKTIVE
Die Konstruktion sorgt dafür, daß der dreidimensionale Kubus mit der Sitzfläche ABCD auf eine zweidimensionale Leinwand projiziert wird. Von einem Augenpunkt O (das andere Auge muß man geschlossen halten) zieht man Linien unter anderem zu den Eckpunkten A, B, C und D und hält deren Schnittpunkte mit der Leinwand fest. Dabei entstehen die vier Punkte a, b, c und d, die nun durch Geraden verbunden werden und so das perspektivisch richtige Bild des Kubus ermöglichen (nach M. H. Pirenne, Oxford).

einer Leinwand mit zwei Dimensionen so darzustellen, daß ein Betrachter sie wiedererkennen kann, und zwar als etwas, was es wirklich gibt oder tatsächlich geben kann.

Es braucht nicht betont zu werden, daß diese Frage zwar aus der Kunst kommt, aber voller naturwissenschaftlicher Begrifflichkeit steckt und nach Beiträgen aus dieser Kultur verlangt. Sie standen allerdings noch nicht zur Verfügung, als Leon Battista Alberti sich im 15. Jahrhundert die Gedanken machte, die zu der Konstruktion der Zentralperspektive führten. Es ging ihm um das Thema, wie die ebene Darstellung von Personen und Gegenständen auf einer Leinwand dem Betrachter ein naturgetreues Bild liefern können, das denselben Eindruck wie die realen Objekte hervorruft. Alberti suchte die Lösung dabei im Aussehen (also außen auf dem Bild), und er kümmerte sich nicht um das Sehen (also um das, was innen im Kopf abläuft), das erst bei Cézanne Beachtung fand.

Bei der Zentralperspektive wird gezielt der natürliche Sehprozeß nachgebildet, wie man meint, wobei ihre Urheber zunächst – zur Vermeidung von Komplikationen – aus guten Gründen so tun, als ob nur ein Auge an der Betrachtung der Wirklichkeit beteiligt sei. Dieses eine Auge läßt sich dann als ein Punkt darstellen, was keine Schwierigkeiten macht, obwohl die Geometrie einen Punkt durch die Eigenschaft charakterisiert, keine Bestandteile zu haben. Ein Punkt steht also nicht für sich selbst, sondern nur für die Stelle, an der sich Linien oder Strahlen schneiden, und so wird auch das Auge ein Punkt, nämlich der Schnittpunkt der Lichtstrahlen.

Der Künstler – so die theoretische Vorschrift – beginnt also mit einem Augenpunkt, den man Beobachterstandpunkt nennen kann, verbindet das anvisierte Objekt mit Sehstrahlen (Linien) und hält deren Schnittpunkt auf der Bildfläche fest.

Die Beschränkung auf die Einäugigkeit gibt einem Wissenschaftshistoriker Gelegenheit, auf eine Übereinstimmung mit den Fortschritten hinzuweisen, die es in seinem Bereich der Kultur gibt. Sie besteht darin, daß eine wissenschaftliche Theorie an ihrem Anfang keineswegs versucht (oder versuchen sollte), alles zu erklären, was sich beobachten läßt. Im Gegenteil! Ein guter Forscher ist dadurch charakterisiert, daß er es versteht, mit seinem Konzept oder Modell den Teil der Wirklichkeit zu erwischen (und den Rest auszublenden), der mit den in seiner Zeit verfügbaren Mitteln und Methoden erfaßt und verständlich gemacht werden kann. Gute Wissenschaft muß nicht nur vermeiden, zuviel anzunehmen; sie muß auch vermeiden, zuviel (auf einmal) erklären zu wollen.

Die Zentralperspektive will nicht viel erklären. Bei ihr geht es um das Sehen, das einen Maler interessiert. Deshalb gibt es auch weniger theoretische und mehr praktisch nutzbare Festschreibungen der Perspektive. Wer eine möglichst knappe sucht, kann unter anderem bei Leonardo da Vinci fündig werden, der an den Blick durch ein Fenster gedacht hat: »Perspektive ist nichts anderes als der Anblick eines Raumes durch eine durchsichtige Glasscheibe, auf deren Oberfläche dann die Konturen der Gegenstände, die hinter der Scheibe sind, nachzuziehen sind« (vgl. Text zu Abb. 5).

Der Blick durch Leonardos Fenster (Abb. 5) zeigt uns natürlich keine gekrümmte, sondern eine glatte und rechtwinklige Welt. Dies gehört zu den Selbstverständlichkeiten der Zentralperspektive, die als zusätzliche Besonderheit die Eigenschaft aufweist, »geradentreu« zu sein, wie man sagt. Das heißt nichts anderes, als daß gerade Linien aus der Wirklichkeit gerade Linien im Bild bleiben. Besondere Bedeutung kommt dabei dem sogenannten Fluchtpunkt zu – in ihm laufen die Geraden zusammen, die nicht durch den Augenpunkt führen. Der als »unendlich fern« erscheinende Fluchtpunkt legt die perspektivische Verkürzung fest. Sie muß zum Beispiel eingehalten werden, wenn eine in das Bild hineinlaufende Straße mit Häuserfront gemalt werden und so wirken soll, wie es der Betrachter bei solch einem Anblick empfindet, wenn er in einer Stadt umhergeht.

Die Einsichtigkeit dieses Prinzips suggeriert die angenehme Einsicht, daß es das Gerade (Lineare) und

Abb. 5 LEONARDOS FENSTER
Wer ein perspektivisch korrektes Bild etwa einer Stadtansicht malen möchte, kann dies mit Hilfe eines Fensters tun, wie es hier gezeigt wird. Der Vorschlag mit den regelmäßigen Rechtecken oder Quadraten eines Fensters findet sich auch in den Darstellungen des perspektivischen Zeichnens, die Albrecht Dürer um 1525

angefertigt hat. In modernen Lehrbüchern der Psychologie wird die gezeigte Konstruktion Alberti zugeschrieben und entsprechend als Albertis Fenster bezeichnet. Wir weisen sie hier Leonardo zu (aus E. Bruce Goldstein, *Wahrnehmungspsychologie*, Heidelberg 1997, S. 221).

---

scharfe rechte Winkel wirklich gibt in der Natur und im Kosmos, daß also zum Beispiel Lichtstrahlen tatsächlich auf geraden Linien unser Auge erreichen und das ganze All auf diese Weise durchqueren. Weil die Zentralperspektive funktioniert und gefällt, denken wir, daß die Welt so ist, wie sie hier gezeigt wird, nämlich euklidisch.

Dies ist relevant für den hier verhandelten Sachverhalt, denn spätestens seit Einstein ist bekannt (wie schon gesagt wurde und noch weiter zur Sprache kommen wird), daß die Verhältnisse einfach nicht so sind und auch nicht so einfach sind. Das soll aber den Wert der ursprünglichen Konstruktion nicht mindern, die unter anderem von Leonardo da Vinci entwickelt und gezielt eingesetzt wurde. Seiner Ansicht nach konnte ein Künstler durch die Beherrschung der Perspektive zum effektiveren Naturforscher werden, was in seinem eigenen Fall sicher geschehen ist. Es ist auch vorstellbar, daß er sich dabei im Besitz der göttlichen Kräfte fühlte, von denen Leon Battista Alberti gesprochen hatte, als er die Einführung der Zentralperspektive mit dem Ziel des Künstlers begründete, eine möglichst vollkommene Illusion zu schaffen. Wem es – schrieb Alberti – etwa gelingt, einen Körper so auf einer Leinwand abzubilden, daß er seinem Vorbild vollkommen ähnlich wird, der beweist seine »göttliche Kraft«, denn immerhin ist er in der Lage, uns verstorbene Menschen nahezu leibhaftig vor Augen zu stellen.

Diese Gedanken lassen ahnen, wieso es Künstlern gelingt, die besondere Verehrung des Publikums zu gewinnen, die Naturforscher nicht unbedingt bekommen. Jedenfalls nicht dann, wenn sie sich weigern, über den Sinn der Welt zu reden, und nur nach ihren Gesetzen fragen. Die ersten wissenschaftlichen Bemühungen der Menschen zielten auf die Himmelserscheinungen und die vielen Sterne, die am Himmel zu sehen waren. Ihr Erkunden hat historisch zwei Namen bekommen, die Astrologie und Astronomie lauten. Im ersten Fall geht es um die Bedeutung (griechisch »logos«) der Sterne, im zweiten Fall geht es um ihre Gesetzmäßigkeiten (griechisch »nomos«). Es ist sowohl klar, was die Menschen bis in unsere Tage mehr interessiert – nämlich die Astrologie –, als auch, was heute allein die Bezeichnung Wissenschaft verdient – nämlich die Astronomie. Sie stellt ein herrliches Forschungsgebiet mit hoher Genauigkeit dar, in das wir an dieser Stelle deshalb so ausführlich einführen, weil seine Anfänge kurz nach der Entdeckung der Zentralperspektive auszumachen sind.

Die einäugige Zentralperspektive reichte also aus, um den in der Renaissance allgemein auftauchenden Gedanken in die künstlerische Tat umzusetzen, die Welt so zu malen, wie man sie sieht. Es galt, die Welt korrekt abzubilden – natürlich mit der besonderen Aufgabe für den Künstler, mit dem Gezeigten eine klare Bildkomposition vorzulegen. Wissenschaftlich ausgedrückt, galt es im Bild das zu zeigen, was man auf der Rückseite des Auges – der Netzhaut – vermutete, die wie die Leinwand oder das Zeichenblatt aus einer Fläche bestehen sollte. Insgesamt stellte man sich im 16. Jahrhundert das Organ des Sehens als optischen Apparat vor, der – wie man heute sagen würde – wie eine Kamera funktioniert, was bedeutet, daß das Licht auf die Rückwand trifft, dabei seine Wirkung entfaltet und unser Sehen ermöglicht.

Natürlich zweifelte seit Urzeiten niemand mehr daran, daß Licht vom Auge eingefangen wird. Aber herauszufinden, wo genau in unseren Gucklöchern der entscheidende Vorgang stattfindet, machte schon mehr Schwierigkeiten. Nachdem lange Zeit hindurch vermutet wurde, daß der rundliche Glaskörper unseres Sehorgans dafür zuständig ist – der Verdacht hielt sich bis in das 19. Jahrhundert hinein –, setzte sich im Anschluß an die Renaissance der Gedanke immer mehr durch, daß es auf den Hinterwänden der Augen lichtempfindliche Häute gibt, bis zu denen die Strahlen der Sonne vordringen müssen, um die Welt sichtbar werden zu lassen. All dies wurde zunächst konzipiert, ohne die dazugehörigen physikalischen Gesetze zu kennen, deren Einsatz das Verstehen dann zunächst nicht beförderte, sondern erschwerte. Denn als Johannes Kepler um 1600 den Weg des Lichts ins Auge unter die optische Lupe seiner physikalischen Wissenschaft nahm und genauer analysierte, stellte er als erster fest, was wir heute lässig im Lehrbuch überschlagen, ohne uns noch so zu wundern, wie es der Entdecker getan hatte: Kepler bemerkte zu seiner Verwunderung, daß etwa das Bild eines Baumes verkehrt herum auf der Netzhaut abgebildet wird (Abb. 6). Das weckte in ihm sofort den Verdacht, daß es mehr als Augen braucht, um zu sehen, denn irgendwie und irgendwo muß ja der Baum im Kopf richtig herum gedreht werden. Aber erkunden, wie dies vor sich geht, konnte Kepler noch nicht. Es dauerte noch bis zum 19. Jahrhundert, bis die ersten tastenden Schritte zu diesem Zweck unternommen wurden und glücklicherweise in die – von heute aus gesehen – richtige Richtung gingen.

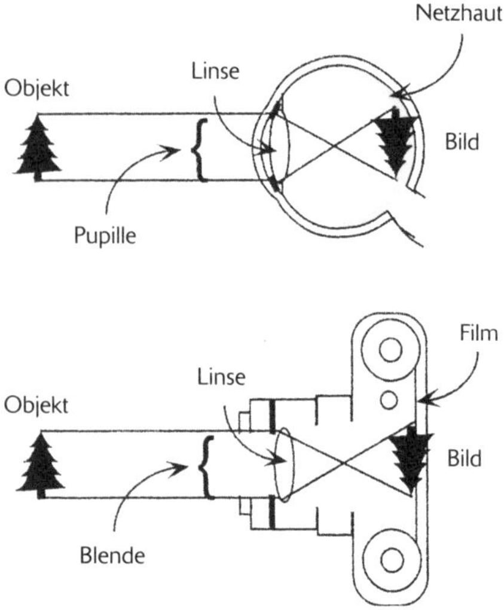

Abb. 6 DAS AUGE ALS KAMERA
Im Hinblick auf die Optik funktioniert ein Auge wie eine Kamera. Das Licht fällt von einem Gegenstand auf eine Linse, die für eine Umkehrung des Strahlengangs sorgt und also das Bild auf den Kopf stellt (aus Stephen E. Palmer, *Vision Science,* Cambridge (USA) 2002, S. 5).

Obwohl es also schon sehr früh Hinweise auf die entscheidende Rolle des Gehirns beim Sehen gab, orientierten sich Maler und andere, die sich für das Licht interessierten, zunächst am Auge. Dies hatte zur Folge, daß bis zu den Impressionisten hin – also weit bis ins das 19. Jahrhundert hinein – viele Menschen die Ansicht vertraten, es komme beim Malen darauf an, mit möglichst wissenschaftlicher Akribie das Netzhautbild aus dem Auge auf die Leinwand vor dem Auge zu übertragen, auf die man schauen konnte.

Dieses Denken endete definitiv in den entscheidenden Jahren 1905/1906, in denen sich Picasso anschickte, kubistisch zu malen. Der Kunsthistoriker Ernst Gombrich hat es in seiner *Geschichte der Kunst* riskiert, in Picassos Haut zu schlüpfen, um ihn selbst sagen zu lassen, was er sich dabei vorgenommen haben könnte. Gombrich legt dem Wegbereiter des Kubismus folgenden Grundgedanken in den Mund:

»›Wir haben längst aufgehört zu behaupten, daß wir die Dinge so darstellen wollen, wie wir sie sehen.‹« Wir sollten versuchen, sie aus Einzelformen aufzubauen. Unser Ziel sei nicht die Nachahmung, sondern die Konstruktion, sagt Gombrichs Picasso, der nach diesen grundsätzlichen Bemerkungen konkret wird: »›Wenn wir an irgendeinen Gegenstand, z. B. eine Geige, denken, so sehen wir ihn mit unserem geistigen Auge anders, als wir ihn in Wirklichkeit sehen. Die verschiedenen Ansichten sind uns oft zugleich ‚gegenwärtig'‹«[17] (vgl. Abb. 3). Anders ausgedrückt: Sie zeigen alle zusammen erst die Geige, wie sie wirklich ist (und wie sie zum Beispiel Einstein zum Spielen einer Sonate von Mozart dienen könnte).

Diese Bemerkungen lassen erkennen, wie weit der Sprung von dem Renaissancewunsch der Nachahmung von sichtbarer Wirklichkeit mit der Erfindung der Zentralperspektive sein muß, um bei Picassos Kubismus zu landen, und entscheidend wird sein, die »Einzelformen« zu finden bzw. zu kennen, die dem neuen Malen zugrunde liegen. Wir werden spätestens bei Cézanne auf sie treffen, können sie aber auch schon in der Renaissance finden, die ja – wie das Wort sagt – mit der Wiedergeburt der Antike beschäftigt ist. Wenn man jetzt fragt, was die Erfinder der Zentralperspektive aus der griechischen Welt für sich entdeckten und für ihre Zwecke nutzten, dann lautet die Antwort, die Geometrie von Euklid, und selbst der flüchtige Blick in ein Lehrbuch für dieses Fach zeigt, daß sie von den Einzelformen handelt, die sich in kubistischen Bildern finden. Gemeint sind Geraden, Rechtecke, Quadrate, Trapeze, Bogen, Dreiecke und mehr, und deshalb wundert es niemanden mehr, daß das Wort Kubismus einen geometrischen Ursprung hat. Es leitet sich, wie wir wissen, von der Figur des Würfels ab, der lateinisch »cubus« heißt.

Natürlich verfügt ein Würfel über drei Dimensionen. Nur deshalb können ja auf seinen Flächen die sechs Zahlen aufgemalt werden, auf die es beim Würfelspiel ankommt. Es ist nun diese Eigenschaft, die Mathematiker meinen, wenn sie das Adjektiv »kubisch« bilden. Eine Dimension ist linear, zwei Dimensionen bilden eine Fläche (oder Ebene), und bei drei geht es kubisch in der Welt zu. Der Rauminhalt eines Würfels läßt sich dadurch berechnen, daß man die Kantenlänge dreimal mit sich selbst multipliziert. Das Wort »Kubismus« deutet also von vornherein an, daß es um die Darstellung einer dreidimensionalen Welt geht, auch wenn dafür nur eine zweidimensionale Fläche zur Verfügung steht. Eine kubische Welt wird in eine kubistische umgeformt. Und wenn dies geschieht, können wir uns vorstellen, daß die Einschränkung, nur eine Teilansicht – einen Ausschnitt – der kubischen Welt in der Bildebene unterbringen zu können, und die damit entstehende Notwendigkeit der Auswahl einer Ansicht den Gedanken hervorgebracht haben, auch die Ansichten mitzuberücksichtigen, die sich in einer zusätzlichen vierten Dimension – der Zeit – zu erkennen geben.

Unabhängig davon gilt: Wer sich für den Kubismus interessiert und Zugang zu ihm finden will, kann dies erreichen, wenn er das Tor wählt, das ihn zur Geometrie führt. Zwar ist immer noch eher zu vermuten, daß viele mit dem Begriff der »euklidischen Geometrie« eher unliebsame Stunden im Schulunterricht verbinden, aber man kann dabei auch andere Gefühle entwickeln. Der große Johannes Kepler hat zum Beispiel im 17. Jahrhundert in der Geometrie das Urbild der Schönheit erblickt, das ihm den Entwurf einer »Weltharmonik« erlaubte. Und für den Knaben Einstein gab es nichts Herrlicheres als das »heilige Geometriebüchlein«, das er als Zwölfjähriger geschenkt bekommen hat. Noch als alter Mann hat er sich an diesen wundersamen Augenblick erinnert, denn was er dort lesen konnte, brachte ihm das große Staunen bei. Hier gab es nämlich Aussagen, »die mit solcher Sicherheit bewiesen werden konnten, daß ein Zweifel ausgeschlossen schien. Diese Klarheit und Sicherheit machte einen unbeschreiblichen Eindruck auf mich«, wie Einstein geschrieben hat.[18] Er hat die Geometrie sogar therapeutisch eingesetzt. Denn immer wenn er sich später im Leben unsicher fühlte und Zweifel über den eingeschlagenen Weg bekam, hat sich Einstein Problemen aus dem Bereich der euklidischen Geometrie gestellt und Dreiecke aus gegebenen Winkeln und Höhen konstruiert oder Würfel in Kugeln verpackt. Hier gab es Sicherheit, und als Folge davon entstand die innere Zufriedenheit, die er zum Denken brauchte und die ihn auszeichnete.

Die Kugel der Wissenschaft

Diese frühe Hinwendung zur Geometrie hat sich sehr lange bei Einstein gehalten, und wer diesen Aspekt besonders betonen möchte, darf sogar sagen, daß sie seine ganz große Liebe war und er mit ihr die ganze Welt verstehen konnte und zuletzt auch verstanden hat. Wie schon erwähnt, läßt sich Einsteins einzigartige wissenschaftliche Leistung – die Formulierung der Allgemeinen Relativitätstheorie – direkt als Nachweis für die Tatsache kennzeichnen, daß die Bewegungen der Körper auf die Geometrie des Raumes zurückgeführt werden können. Einsteins Physik erklärt die Kräfte der Natur auf geometrischer Grundlage, was wir weiter oben bereits mit dem kurzen Satz ausgedrückt haben, der uns einen direkten Weg zum Kubismus Picassos ermöglichen soll: »Alles ist Geometrie«.

Alles ist Geometrie in Einsteins relativistischer Physik, und alles ist Geometrie in Picassos kubistischen Bildern – aber nicht bis in jedes Detail hinein so zeitgleich, wie wir das vielleicht gern hätten. Als Picasso auf seine Weise längst versucht hat, die bunte Vielfalt der wahrnehmbaren Wirklichkeit auf geometrische Grundmuster zurückzuführen, war Einstein noch nicht so weit. Als Picasso den Kubismus seinem Höhepunkt zuführte – etwa in dem *Bildnis Ambroise Vollard* von 1910 – steckte Einstein noch in tiefen Schwierigkeiten, die ihn aber nicht von dem Weg abbrachten, den er traumhaft sicher trotz aller Hindernisse und Ablenkungen fand. Es ist im Grunde, wie wir es gewohnt sind, daß nämlich die Kunst rascher reagiert und die Zeitströmung antizipiert. Sie ist früher da, während die Wissenschaft noch ihre Zeit braucht. Forscher müssen vorsichtiger agieren, weil unter der erschwerten Bedingung des Experiments arbeiten und Scharlatane in ihren Reihen schwieriger zu erkennen und vom Genie zu trennen sind, als dies im Bereich der bildenden Kunst der Fall ist (jedenfalls hat es für einen Wissenschaftshistoriker diesen Anschein).

Dieser zeitliche Verzug unterstreicht nur, was längst klar sein sollte: daß weder der Kubismus gemalte Relativität noch die Relativität kubistische Physik ist, daß vielmehr auf beiden Feldern menschlicher Kreativität ein Zeitgeist seine sich ähnlich auswirkenden Spuren hinterläßt, den wir zu bestimmen versuchen, und zwar etwas genauer, als es sonst durch die beliebte Geschichtsphilosophie geschieht. Mit ihr teilt der Volksmund die Ansicht, daß nichts so mächtig ist wie eine Idee, deren Zeit gekommen ist. Nur – wann ist die Zeit reif für eine Idee? Und wie erkennen wir, worin die Idee tatsächlich besteht?

Auch die einfachste Idee bringt komplexe Möglichkeiten mit sich, und wie bei den doch recht unterschiedlichen Bemühungen in Kunst und Wissenschaft nicht anders zu erwarten ist, tauchen verschiedene Gewichtungen auf; so auch bei Einstein und Picasso. Zwar fangen beide Genies die Welt in einem geometrischen Netz auf, aber sie verwenden dabei nicht die gleichen Maschen. Der Künstler Picasso denkt bei Geometrie an die Wissenschaft, die Euklid entworfen und dargestellt hat, und in diesem Reich treten vor allem gerade Linien auf, wie wir es aus der Konstruktion der Zentralperspektive kennen. Für Picasso stehen oder liegen die Gegenstände, die er malen oder zeichnen will, in einer Welt, die den euklidischen Vorgaben folgt, und daher sehen wir auf den kubistischen Bildern vor allem gerade Linien, die so verlaufen, wie es Lichtstrahlen im gewöhnlichen Verständnis tun.

Genau diese Einstellung wandelt sich bei Einstein bis 1915, der bei seiner fortschreitenden Erkundung von Raum und Zeit merkt, daß die übersichtliche Geometrie von Euklid nicht ausreicht, um die Wirklichkeit des Universums zufriedenstellend zu erfassen. Es muß eine andere Möglichkeit der Raumerfassung geben, die Einstein auch dank seiner mit Genialität gepaarten Hartnäckigkeit entdeckt. Wie sich dabei herausstellt, ist das, was er findet, für die exakte Wissenschaft ein alter Bekannter, nämlich die Form der Geometrie, die der in Göttingen tätige Mathematiker Georg Friedrich Bernhard Riemann (1826–1866) bereits im 19. Jahrhundert vorgestellt hat, und zwar in den Jahren, in denen Cézanne das geometrische Prinzip, das sich bei Picasso kubistisch auswirkte, in die Malerei einführte.

Wenn man für die Einführung der neuen Geometrie ein Datum nennen will, kann man den Sommer 1854 nennen, in dem Riemann in einem historisch zwar großen, zu seiner Zeit aber selbst in der Göttinger Universität kaum beachteten Auftritt die »richtige« Geometrie der Welt vorstellte. Riemann hielt damals einen Vortrag, in dem er sich Gedanken machte »Über die Hypothesen, welche der Geometrie zu Grunde liegen«, wobei er mit dem Hinweis begann, daß von »dem Raum« nur gesagt werden kann, daß er drei Dimensionen hat. Was den Mathematiker Riemann interessierte, war die Frage, wie sich Abstände zwischen Punkten bestimmen lassen. Konkret in physikalischer Hinsicht wollte er damit wissen, ob die Distanz zwischen zwei Orten immer durch eine gerade Linie gegeben ist. Dabei – so Riemann – sei es keinesfalls sicher, daß die Vermessung des Raumes den euklidischen Vorgaben zu folgen habe. Das könne man auf keinen Fall von vornherein wissen, man müsse es vielmehr durch Beobachtung herausfinden. Und solange dies nicht geschehen sei, könne und dürfe man andere Hypothesen über den Raum ersinnen.

Um sich eine andere Geometrie als die euklidische vorzustellen, empfiehlt Riemann an die parallelen Linien zu denken, die sich auf einer perfekt glatten Ebene niemals schneiden (Abb. 7a und b). Wenn sich Euklid auf solch einer Ebene eine (erste) Gerade (G_1) und einen Punkt (P)

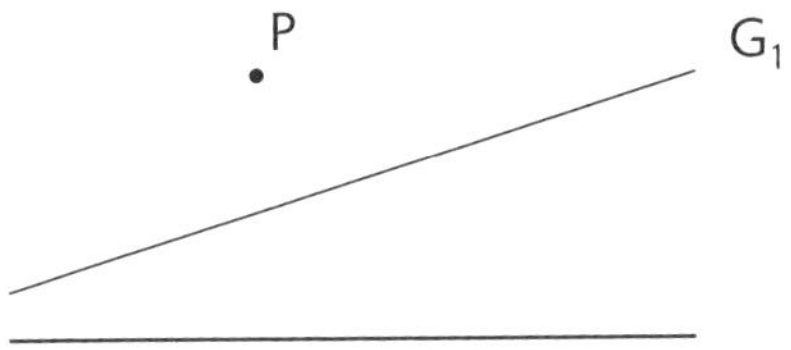

Abb. 7a GERADE G_1 NEBEN PUNKT P

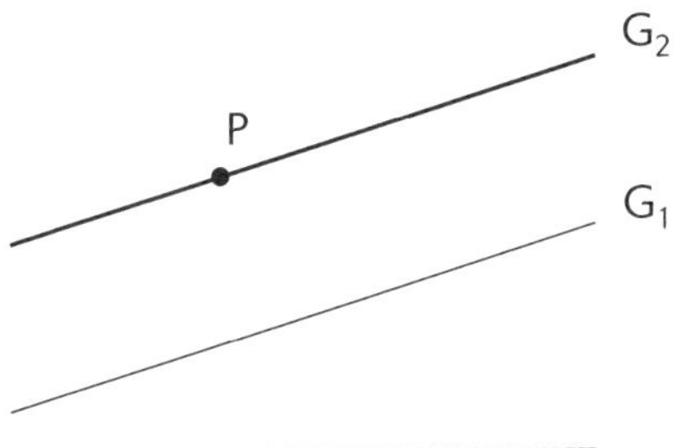

Abb. 7b GERADE G_1 UND GERADE G_2 DURCH P

vorstellt, der selbst nicht auf ihr liegt, wird er sagen, daß es durch diesen Punkt eine (zweite) Gerade (G_2) gibt, die parallel zu der ersten verläuft (die sie nicht also nicht schneidet). Das heißt, es wird für ihn eine und nur eine solche Gerade geben.

Riemann machte 1854 aber klar, daß der Mathematiker hier Freiheiten hat. Er kann zum Beispiel annehmen, daß es mehr als eine Gerade durch den Punkt gibt, die sich niemals mit der zuerst gegebenen Linie kreuzt. Er kann alternativ auch annehmen, daß die Gerade durch den Punkt die andere Gerade schneidet, was im übrigen bedeutet, daß alle Geraden durch P dies irgendwo tun müssen, da keine der Linien durch irgendeine Eigenschaft ausgezeichnet ist, die das verhindert.

Es war nur dieser zweite Fall, für den sich Riemann interessierte, und die Geometrie, die er davon ableitete, trägt heute seinen Namen. Sie wird in den Lehrbüchern auch mit dem Beiwort »sphärisch« bezeichnet, denn das, was Riemann sich ausdenkt, kann man sich am besten auf der Oberfläche einer Kugel verdeutlichen, die auf englisch »sphere« heißt (Abb. 8). Hierin schwingt noch der antike Ursprung des Wortes mit, dessen Wohllaut uns in Begriffen wie »Sphärenklänge« oder »Himmelssphären« bis heute entzückt.

Wie Riemanns Sphären-Geometrie auf einer Kugel gelingt, kann man sich zum Beispiel veranschaulichen, wenn man an einen Globus denkt und auf ihn den Äquator zeichnet (Abb. 8). Dann hätten wir eine Linie, und als Punkt wählen wir den Nordpol. Jede Linie, die von ihm ausgeht, wird den Äquator schneiden, und sie tun dies alle im rechten Winkel. Das heißt, alle diese Linien haben auf dem Äquator dieselbe Richtung, was man auch durch die Worte ausdrücken kann, daß sie parallel zueinander verlaufen.

Wer jetzt protestiert und sagt, daß diese Linien gar nicht parallel sein können, weil sie sich doch am Pol treffen, der hat nur fast recht. In dem eben eingeführten sphärischen (gekrümmten) Raum ist die Eigenschaft von Geraden, parallel zu verlaufen, keine Qualität, die überall gilt. Wer Parallelität definieren will, beginnt mit einer Geraden und einem Punkt, der nicht auf ihr liegt. Durch ihn kann eine zweite Gerade gezogen werden, die dann parallel zu der ersten ist, wenn sie in diesem Punkt in dieselbe Richtung geht. Parallelität kann nicht global, sondern nur lokal festgemacht werden, also an einem wohldefinierten Ort, der

Abb. 8 EIN DREIECK AUF EINER ERDKUGEL
In einer Kugelgeometrie (»Sphärische Geometrie«) kann die Summe der Winkel in einem Dreieck größer als die 180 Grad sein, die einem Dreieck in einer ebenen Geometrie (»euklidische Geometrie«) zustehen. Man braucht solch ein Gebilde nur auf eine Oberfläche zu malen, die so gekrümmt ist wie ein Globus. Man beginnt mit einem Punkt auf dem Äquator, zieht eine Linie zum Nordpol, ändert die Richtung und kehrt zum Äquator zurück, auf dem man so lange um den Erdspielball herumläuft, bis man wieder beim Ausgangspunkt angekommen ist. Dabei ist ein Dreieck mit gekrümmten Seiten entstanden, dessen Winkelsumme deutlich größer als 180 Grad ist. Schließlich kann die eben beschriebene Linie nur so gezogen werden, daß sie senkrecht vom Äquator aufsteigt und an anderer Stelle ebenso senkrecht zu ihm zurückkehrt. Das macht zwei rechte Winkel, die zusammen 180 Grad ergeben, also das Maximum, das Euklid zuläßt. Doch gibt es da noch den Orientierungswechsel am Pol, der zusätzlich zum Gesamtwinkel beisteuert und damit das von Euklid vorgegebene Maximum überschreitet (aus Rudolf Kippenhahn, *Kosmologie für die Westentasche*, München 2003).

leicht auszumachen sein muß. In unserem Beispiel liegt er am Äquator. Denn ihn schneiden die absteigende und die aufsteigende Linie im gleichen Winkel, was sie genau dort parallel sein läßt. So ist diese Eigenschaft festgelegt.

Das Problem mit der reinen Vernunft

Als Riemann diese Möglichkeit der Weltvermessung – seine gekrümmte Geometrie – 1854 in den mathematischen Seminaren Göttingens vorstellte, hörte kein Physiker zu. Und selbst wenn ein Vertreter dieser Zunft damals den Weg in den entsprechenden Hörsaal gefunden hätte, wäre ihm nicht in den Sinn gekommen, daß Riemann dabei mehr als eine mathematische Spielerei veranstaltete, die irgendeinen Bezug zur physikalischen Wirklichkeit haben würde. Doch genau dies sagt uns Einstein. Wenn wir den Kosmos, in dem wir leben, verstehen wollen, müssen wir die Meßergebnisse in dem Rahmen und mit dem Handwerkszeug fassen, das Riemann geliefert hat. Die Geometrie der wirklichen Welt findet sich nicht bei Euklid, sondern bei Riemann, und von allen Ergebnissen, die wir Einstein verdanken, ist es diese Einsicht, deren Folgen unser Denken und Weltverständnis am meisten erschüttert.

Dafür gibt es (mindestens) zwei Gründe, einen philosophischen und einen historischen. Wir beginnen mit dem philosophischen, um danach auf der historischen Schiene in die Gegenwart von Picasso und Einstein reisen zu können.

Allerdings – der philosophische Grund stellt einen riesigen Brocken dar, und es muß offen bleiben, ob er sich angemessen umkurven und uns nicht stranden läßt. In der Geschichte des europäischen Denkens ragt vermutlich nichts höher empor als das Gedankengebirge, das Immanuel Kant errichtet hat. Der in Königsberg sich sein Leben lang wohlfühlende Philosoph hat erst ausführlich über den Himmel geforscht und dabei über die Bedingungen nachgedacht, die erfüllt sein müssen, damit Menschen etwas wissen können. Die Summe seiner Überlegungen zur Erkenntnistheorie, wie die Philosophen sagen, hat Kant am Ende des 18. Jahrhunderts vorgelegt, und zwar in einem sehr umfangreichen Werk mit dem Titel *Kritik der reinen Vernunft.* In ihm vollzieht Kant, was er selbst die Kopernikanische Wende des Denkens nennt. Kant meint damit den Vorschlag des Kopernikus, das Umlaufen der Sterne nicht durch deren Bewegungen zu erklären, sondern durch die Annahme, daß sich die Erde dreht, auf der wir als Beobachter stehen. Nicht die Sterne bewegen sich, sondern wir bewegen uns, sagt Kopernikus, und diese Umkehrung verallgemeinert Kant, um sie für jede Erkenntnis der Natur zu nutzen:

Die Naturgesetze finden sich nicht in der Natur, so seine Einsicht, sondern im Menschen. Nicht wir befinden uns in Raum und Zeit, vielmehr befinden sich Raum und Zeit in uns. Sie sind uns vor jeder Erfahrung gegeben, wie Kant feststellt, wobei er keine kleinen Kinder, sondern erwachsene Menschen meint. Wie sich in uns das Verständnis von Raum und Zeit entwickelt, während wir sprechen und andere lernen, das analysiert Kant nicht, und es bleibt auch hier unbeachtet, obwohl sich dabei lernen läßt, daß sich irgendwann in unserer Entwicklung die Idee ergibt, daß die Winkelsumme in einem Dreieck notwendig 180 Grad sein muß.[19]

Kant hatte keine Kinder, und er kümmerte sich nicht um das Denkvermögen von Menschen, bevor sie in seinen Vorlesungen saßen. Mit dem, was seine Studenten verstehen konnten, hatte er auch genug zu tun. Ihn beschäftigte die grundsätzliche Frage, was wir mit einem biologisch ausgereiften Gehirn wissen können, und er macht uns klar, daß wir ohne solche Konzepte wie Raum und Zeit gar nicht anfangen könnten, unsere Wahrnehmungen von der Welt und die Informationen über die Wirklichkeit zu ordnen und zu dem Wissen zu machen, auf das es uns ankommt und nach dem wir streben.

Jeder Versuch, den ungeheuren Forschritt des Denkens, der mit Kants Schriften erreicht worden ist, zu beschreiben oder gar zu charakterisieren, kann nur als Riesenblamage enden, und man ist gut beraten, sich seiner Philosophie gegenüber so zu verhalten, wie Einstein es den Hörern der Musik von Bach geraten hat. Auf Bachs Kompositionen angesprochen, antwortete Einstein, man solle das Maul halten und einfach staunen. Auch bei Kant gilt es, einfach zu staunen, und doch … kann man das Maul nicht ganz halten. Es muß leider auf etwas hingewiesen werden, das in Kants Werk auch enthalten ist und ein anderes Licht auf die Welt wirft, mit dem wir etwas mehr sehen können.

Kant hat nämlich nicht nur gesagt, daß uns der Raum ganz allgemein als Denkform (Kategorie) gegeben ist. Er hat auch festgelegt, wie dieser Raum seiner Struktur nach beschaffen ist, nämlich euklidisch. Eine andere Weltgeometrie konnte er sich nicht denken, und der Grund dafür steckte in dem Erfolg der Physik, die sich seit den Tagen von Isaac Newton Respekt verschafft hatte. Kant kannte und bewunderte Newtons Physik, und so vertraute er ihr zu sehr. Er hielt sie für unwiderlegbar – jedenfalls durch das Denken von menschlichen Wesen –, und es ist schade, daß er vor Riemann und Einstein und nicht nach den Vätern einer anderen Geometrie gelebt hat. Für Kant erfaßte Newtons Werk die physikalische Welt auf eine Weise, die man emphatisch als »vollkommen wahr« bezeichnen würde, und es wäre zu schön, könnte Kant seine *Kritik der reinen Vernunft* heute – nach Einstein und Riemann – noch einmal schreiben. Es stellt eine grandiose Aufgabe dar, nach den Erfolgen der Physik das immer noch nicht völlig gelöste Erkenntnisproblem von Kant ganz neu aufzurollen, das in der Frage besteht, was von unserem Wissen aus der Erfahrung stammt und welchen Teil unser Denkvermögen beiträgt.

Zwischen Kants Sterbe- und Einsteins Wunderjahr – zwischen 1804 und 1905 – liegt rund ein Jahrhundert, und zwar das vielfach angesprochene neunzehnte, in dem sehr viel mit dem Raum passiert, wie jetzt zu erläutern ist und was uns auf die historische Schiene setzt. Wir sprechen zunächst von der Wissenschaft, die den Raum erkundet und ausmißt, indem sie den Lauf der Sterne verfolgt und geometrisch zu erfassen versucht. Gemeint ist die Astronomie, und zunächst dachten ihre Vertreter nur an Kreisbewegungen, auf denen die Gestirne umlaufen, wobei sie dieses in Himmelssphären tun sollten. Das frühe Denkvermögen war mit perfekt zirkulierenden Himmelskörpern zufrieden, und Johannes Kepler brauchte schon gewaltigen Mut und noch mehr Datenmaterial, um die Behauptung riskieren zu können, daß der Planet Mars die Sonne nicht kreisförmig umrundet, sondern sich auf einer Ellipse bewegt. Diese Tatsache lernen wir heute als ein nach Kepler benanntes Gesetz kennen, wobei wir sicher sein können, daß Kepler sich die Welt schon so vorstellte, wie es später Kant getan hat. Für den Astronomen des 17. Jahrhunderts war sie euklidisch. Das heißt, Kepler konnte die Ellipse auf einem flachen Blatt zeichnen und der Ansicht sein, die Marsbahn dabei ohne Verzerrung darzustellen und wirklichkeitsgetreu vor Augen zu haben.

Es ist den Historikern natürlich längst bekannt und in allen Schulbüchern nachzulesen, daß das Aufblühen der mit antiken Wurzeln ausgestatteten astronomischen Wissenschaft – die *»Astronomia nova«*, wie Kepler sie im Titel eines seiner Werke nannte –, im Anschluß an die Renaissance erfolgte. Wenn gefragt wird, warum die physikalischen Wissenschaften etwas länger als die schönen Künste gebraucht haben, um wiedererweckt zu werden bzw. zu einem neuen Leben zu erwachen, wird als ein Grund auf die Erfindung des Fernrohrs hingewiesen, die erst zu Beginn des 17. Jahrhunderts gelungen ist.[20]

Natürlich hat dieses Instrument der Astronomie eine besondere Dynamik gegeben, aber mehr Mut zur genauen Sternenbeobachtung hatten Philosophen und Wissenschaftler wie Giordano Bruno und Tycho Brahe schon gefaßt, bevor die technische Hilfestellung des Fernrohrs aufkam. Es ist aber ebenfalls nicht von der Hand zu weisen, daß der dazugehörige Enthusiasmus aus der Entwicklung der Kunst folgte. Sie bot den Wissenschaftlern nämlich die Chance, aus ihren Messungen Kapital zu schlagen. Denn aus der Tatsache, daß die Zentralperspektive ihr Versprechen erfüllt und auf der Leinwand getreue Abbilder der Wirklichkeit erscheinen, läßt sich der Schluß ziehen, daß diese Wirklichkeit durch die Geometrie – also durch »Erdvermessung« – erfaßt werden kann, die auch der künstlerischen Konstruktion zugrunde liegt. Mit anderen Worten: Der Fortschritt der Kunst sagt den Forschern, wie die Welt beschaffen ist, nämlich so, wie die Geometrie sie erfaßt, die von Euklid stammt und mit den geraden Linien und flächigen Gebilden operiert, die der Messung und Berechnung zugänglich sind. Nochmals anders formuliert und ganz wörtlich verstanden: Die Künstler der Renaissance bereiten den Raum für die Astronomie. Die Maler zeigen, wie der Raum erfaßt und mit geraden Maßstäben und geraden Lichtstrahlen vermessen werden kann, und die Wissenschaftler machen sich an die Arbeit.

Übrigens: Es könnte sein, daß die Künstler schon vorher für eine maßgebliche Entwicklung in der Wissenschaft gesorgt haben, die im 16. Jahrhundert einsetzt. Um 1526 malt Albrecht Altdorfer (um 1480–1538) zum ersten Mal eine Landschaft, in der kein Mensch zu sehen ist. Man sieht eine Welt ohne Beobachter, und damit stellt die Kunst in einem Bilderrahmen das Ideal vor, das die Physiker in den folgenden Jahrhunderten unter dem Stichwort »Objektivität« anstreben, nämlich eine Beschreibung der Natur und ihrer Gesetze, in der sie selbst nicht vorkommen und also kein Ich erscheint. Dieses Bemühen beginnt mit den Entdeckungen des Nikolaus Kopernikus, die relativ kurz nach Altdorfers Bild bekannt werden und ein neues Bild von Welt und Ich ergeben.

Der Plural »Entdeckungen« ist wichtig bei Kopernikus, da es sich um zwei maßgebliche Änderungen handelt. Schon angesprochen wurde der Hinweis, daß es die Menschen auf der Erde sind, die sich drehen, und nicht die Sterne. Diese von Kant hervorgehobene Wendung ist dem Publikum weniger bekannt als die Verschiebung der Sonne. Kopernikus setzt sic [illegible] und nicht unseren Planeten – in die Mitte seiner Welt, und er läßt die Erde mit uns um das Zentralgestirn rotieren. Wir wissen heute, daß die sogenannte heliozentrische Idee des Kopernikus der alten geozentrischen Vorstellung überlegen ist, sollten aber nicht übersehen, daß wir diese Einsicht zwar ausdrücken können, uns aber noch nicht mit ganzem Herzen zu eigen gemacht haben. Schließlich sprechen wir immer noch von Sonnenauf- und -unter*gang*, und wenn sie geht, kann sie nicht so ruhen, wie sich Kopernikus das denkt.

Mit Kopernikus taucht also der Gedanke auf, daß das, was man sieht, nicht unbedingt auch der Fall ist. Die Welt kann anders sein, als sie ein einzelner Beobachter – ein Ich – wahrnimmt, und vielleicht ist es das Beste, ganz auf ihn zu verzichten, so wie Altdorfer es in seinen Landschaften tut. Dies ist das Programm der Physik, und Newton setzt es um 1700 in die Tat um. Er entwickelt eine Mechanik, die das Universum als Uhrwerk erklärt und Gottes Rolle vor allem darin sieht, der ganzen Wirklichkeit Raum zur Verfügung zu stellen. Was Gott gegeben hat, bekommt das Beiwort »absolut«, da es von allem abgelöst und ganz für sich da ist. Und in diesem absoluten Raum kann sich die erlebte Wirklichkeit entfalten oder ausbreiten dank der Zeit, die Gott zusätzlich geschaffen hat und als unbedingten Strom durch den aus ihm kommenden Raum fließen läßt.

So göttlich der absolute Raum ist, wenn Newton mit ihm rechnet, wird das Gebilde höchst menschlich, nämlich euklidisch, und die Gelehrten des Jahrhunderts nach Newton tun es ihm so lange nach, bis sie von der Wahrheit dieser Konstruktionen überzeugt sind. Kant gibt ihnen dann noch den Ritterschlag der Philosophie, und als das 19. Jahrhundert heraufdämmert, meint man, an diesen Stellen klarzusehen. Mit den Raum hatte man jedenfalls keine wissenschaftlichen Probleme mehr – und künstlerische auch nicht. In ihm glaubte man sich für alle Zeiten fest und feierlich eingerichtet.

3 Ins Imaginäre schreiten

Die Aufteilung des Raumes und anderer Dinge

Nichts konnte trügerischer sein als diese Ruhe vor dem Sturm, der bald losbrach, und wenn sich etwas als besonders augenfällig in dem Jahrhundert vor Picassos und Einsteins Aufbruch in die Moderne erwies, dann war es die ungemein vielfältige Art, den Raum aufzuteilen. Wir wollen diese Verzweigung in der Genauigkeit charakterisieren, die für den Weg zum Kubismus und zur Relativitätstheorie hin benötigt wird. Bevor wir das tun, erinnern wir daran, daß die Geschichte der Wissenschaft ähnliche Situationen kennt. Immer wieder wird etwas, das sich den Sinnen einheitlich präsentiert, in eigenständige und zuletzt sogar elementare Bestandteile zerlegt, ohne daß die ursprüngliche Größe damit irrelevant würde.

Das bekannteste Beispiel ist das weiße Licht, das von der Sonne kommt und – zu des Dichters Goethes großem Verdruß – von dem Physiker Newton durch ein Prisma in Farben zerlegt werden konnte. Als nächstes kann auf die Luft verwiesen werden, die zwar in der Antike als eines von vier Elementen gehandelt wurde, von der wir heute aber wissen, daß sie aus vielen Gasen (unter anderem Sauerstoff, Stickstoff und Wasserstoff) besteht. Die als

Einheit erlebte und als Ganzes eingeatmete Luft kann wie fast alle Dinge der Welt in abstrakt wirkende Einheiten zerlegt werden. Bei der Luft sind es Gase, die selbst chemische Elemente sind. Solche Rückführungen brauchen ihre historische Zeit, um sich zuletzt aber im Denken so festzusetzen, daß man sich kaum noch vorstellen kann, daß man einmal anders gedacht oder geschaut hat. All dies kann wörtlich auf den Kubismus übertragen werden, denn ein Aspekt dieser Kunstrichtung besteht darin, die sichtbare Welt und ihre Gegenstände durch die elementaren Formen darzustellen, in die sie zerlegbar sind; ein zweiter Aspekt liegt in der Unvermeidlichkeit, mit der dies geschieht.

Dem Raum geht es im 19. Jahrhundert wie der Luft und dem Licht in den Epochen zuvor. Auch er ändert sich auf dramatische und vielfältige Weise, auch wenn man sich das energischer klarmachen muß: Was dank Kant und dem gesunden Menschenverstand einzig und einheitlich dazustehen scheint und als feste Form der angeschauten Welt wortwörtlich Raum geben soll, erliegt allen philosophischen Verbotstafeln zum Trotz schon bald dem massiven Ansturm unterschiedlicher wissenschaftlicher Disziplinen. Sie heißen Mathematik, Physik und Psychologie und sie schicken große Geister in die Schlacht – den Mathematiker Carl Friedrich Gauß, den Physiker und Physiologen Hermann von Helmholtz und den Psychologen William James, um nur drei von vielen möglichen anderen Namen zu nennen. Mit ihrer Hilfe kann das, was lange Zeit nicht nur ganz, sondern sogar das Ganze war, für die jeweils erforderlichen Anwendungen präzisiert und spezialisiert – also auf- und zugeteilt – werden. Dabei entsteht ein mathematischer Raum, in dem sich Beweise führen und Theoreme widerspruchsfrei formulieren lassen. Daneben kommt ein physikalischer Raum zum Vorschein, in dem Messungen vorgenommen werden und Himmelskörper ihre regelmäßigen Bahnen ziehen können. Und wir selbst orientieren uns in einem wahrgenommenen Raum, den wir mit den Sinnen erkunden, ertasten und erfahren, und während wir das tun, begeben wir uns auf die Suche nach der verlorenen Einheit, über die Kant nachgedacht hat und die für ihn gottgegeben war. Unsere abweichende Orientierung führt uns mehr und mehr aus den Sphären der Anschauung in die Bereiche der Abstraktion, in denen weniger physikalische Körper und mehr geometrische Formen anzutreffen sind, wie sie uns in der Kunst und in der Wissenschaft begegnen, vor allem, wenn sie kubistisch und relativistisch werden und bleiben.

Daß die Kunst ebenso wie die Wissenschaft mehrere Arten von Räumen kennt oder findet, zeigt sich durch den Vergleich der perspektivischen Konstruktion der Renaissancekünstler, die sich auf den Raum der Physik konzentrieren, mit der Malweise Paul Cézannes, der sich mehr an seiner Wahrnehmung und somit an dem orientiert, was ihm sein Sehen über den Raum mitteilt.

Wer sich die historische Auflösung des Raumes näher anschauen will, beginnt am besten im Bereich der Alltagsbewegungen und -wahrnehmungen. Was uns hier umfängt, empfinden wir naturgemäß als realer oder wirklicher – weil wirksamer – als den ebenso tatsächlich begehbaren Raum, in dem sich das Geschehen abspielt, das von den physikalischen Wissenschaften verhandelt und vermessen wird. Die Frage, an welcher Stelle diese beiden realen Räume voneinander abweichen und sich unterschiedlich zeigen, kann durch die im 19. Jahrhundert neue Wissenschaft der Psychologie beantwortet werden. Sie hat etwa bemerkt, daß wir die drei uns verfügbaren und erfahrbaren Dimensionen in ihren unterschiedlichen Richtungen keineswegs so gleichartig und gleichwertig (»isotrop«) wahrnehmen und behandeln, wie es die physikalischen Theorien tun (müssen). Oben und unten wirken auf uns anders als vorne und hinten, und viele Menschen haben bis zum Ende ihres Lebens Schwierigkeiten, rechts und links richtig zuzuordnen.

Was den Blick nach oben oder unten angeht, so können wir uns schon im Schwimmbad täuschen, wenn wir vom Beckenrand zum Dreimeterbrett schauen und es überhaupt nicht hoch, sondern eher niedrig einschätzen. Das ändert sich aber schlagartig, wenn wir es erklommen haben und auf das Wasser blicken. Das ist nämlich jetzt fast fünf Meter von unserem Kopf entfernt (drei Meter vom Brett plus die knapp zwei Meter von den Füßen bis zu den Augen), während das Brett vorher nur einen Meter hoch schien.

Während man diese Fehlorientierung durch einfaches Nachrechnen aus der Welt schaffen kann – ohne allerdings an dem zum Staunen führenden Erlebnis etwas zu ändern –, hält sich ein anderes Problem hartnäckiger. Wir haben nämlich grundsätzlich große Mühe, die Höhe von Gebäuden richtig einzuschätzen und in vertraute Entfernungen umzurechnen. Während es kaum eine Schwierigkeit darstellt, die rund einhundert Meter bis zu dem Platz in der Stadt anzupeilen, an dem wir unser Auto geparkt haben (und wir uns zudem gut vorstellen können, wie lange wir bis dahin unterwegs sind), tippen wir rasch daneben, wenn wir etwa sagen sollen, bis in welche Himmelshöhen zum Beispiel ein zehnstöckiges Haus ragt. Da gibt man leicht dieselben einhundert Meter an, während es tatsächlich gerade einmal dreißig sind, eine Strecke, die uns in der Ebene ungeheuer kurz vorkommt.

Die ungleiche Bewertung von Höhe und Breite kann man sich unmittelbar an dem höchst eleganten Bogen mit dem Namen »Gateway Arch« – »Tor zum Westen« – klarmachen, der in der amerikanischen Stadt St. Louis steht. Die 1967 fertiggestellte Konstruktion des finnischen Architekten Eero Saarinen mißt 191 Meter, und zwar sowohl in der Breite als auch in der Höhe (Abb. 9). Selbst wenn man ausdrücklich gesagt bekommt, daß die elegante Bogenöffnung ebenso hoch wie breit ist – unsere Sinne geben uns eine andere Information. Für sie – und damit für uns – ragt das Tor höher hinauf und dehnt sich weniger in der Breite. Es *ist* höher, denken wir, und wir können uns von dieser Ansicht selbst dann nicht lösen, wenn wir wissen, daß der Gateway Arch nur höher *aussieht.*

Wir können also zwei real uns umfangende Räume unterscheiden – den physikalischen und den psychischen –, und nur einer von ihnen ist isotrop (also in alle Richtungen gleich). Dies ist der Raum, den die Physik kennt, und er hat zudem die Eigenschaft, grenzenlos zu sein und sich ohne Ende in alle Dimensionen zu erstrecken. Da kommt unsere sinnende Seele nicht mit, die lieber bei sich bleibt und unter die Himmelsdecke schlüpft. Doch während die Wahrnehmung spätestens am Horizont endet und der psychische Raum somit brav im Endlichen verharrt, reicht der früher mit Fernrohren und heute mit Satelliten abgesuchte Weltraum sehr viel weiter, und es wäre vermessen, dort von seinem Ende zu sprechen, wo seine Dunkelheit beginnt. Das legt naturgemäß umgekehrt den Gedanken nahe, dem physikalischen Raum so etwas wie Unendlichkeit zuzutrauen oder anzudichten. Den Sinnen ist dieser Eindruck verwehrt. Sie melden uns eine endliche und scheinbar greifbare Himmelskugel, die uns am Tag blau bedeckt und in der Nacht schwarz umfängt.

Abb. 9 »GATEWAY ARCH«
Das »Tor zum Westen« in St. Louis (Missouri), das ebenso hoch wie breit ist, nämlich knapp 200 Meter. Wer sich davon überzeugen will, kann auf dem Bild mit einem Lineal nachmessen.

Trotz aller Verschiedenheit des physikalischen und des psychischen Raumes denken wir die beiden als Einheit. Schließlich benutzen wir nur das eine Wort »Raum« für sie. Was ihnen gemeinsam ist und sie vereint, kann sich nicht konkret zeigen. Es muß vielmehr in der Abstraktion gefunden werden, und damit meinen wir den Raum, in dem sich Mathematiker auskennen und Koordinaten anbringen. Dieses Gebilde kann auf jeden Fall unendlich groß gedacht werden. Wer soll es denn begrenzen? Es existiert ja nur im Kopf und leistet hier den natürlichen Zahlen 1, 2, 3, 4 und so weiter Gesellschaft, und die können auch über alle Grenzen wachsen. Man kann zu jeder Zahl 1 addieren oder eine andere hinzufügen, und man kann jeden mathematischen Raum ein Stück verlängern und in alle Richtungen erweitern. Und wer sich an diese Unendlichkeit gewöhnt hat, wird nicht lange brauchen, um zu merken, daß sich jetzt zusätzlich eine weitere Denkmöglichkeit eröffnet – nämlich die, dem Raum auch mehr Dimensionen zu geben.

Wer dies tut, zieht sich naturgemäß weiter von der anschaulichen Wirklichkeit zurück. Er abstrahiert zunehmend, wie man auch sagen könnte. Aber unser Kopf kann und will dies tun, und so nutzen wir diese Qualität aus. Wir lösen und befreien uns denkend von den Festlegungen realer Räume und schaffen uns ideale Formen in der Phantasie. Dabei müssen wir nicht mehr auf Übereinstimmungen mit der Wirklichkeit achten, sondern nur darauf, daß wir uns nicht in Widersprüche verwickeln und keine Sätze formulieren, die sich gegenseitig ins Gehege kommen und ausschließen. Tatsächlich führen Mathematiker ihre Konstruktionen und Beweise längst nicht mehr nur in drei Dimensionen durch. Sie lassen jede Zahl an dieser Stelle zu, was natürlich heißt, daß sie auch bis zu den unendlich großen Zahlen gehen können. So weit soll es hier nicht getrieben werden, aber schon im Verlauf des 19. Jahrhunderts haben es Ingenieure, die effiziente Maschinen bauen wollten, für nötig gefunden, ihre Fragen in sogenannten Phasenräumen mit weit mehr als drei Dimensionen zu formulieren, und in der modernen Physik ist es längst gang und gäbe, mit elf Dimensionen zu rechnen.

Diese Zahl wird genannt, weil sie von den Theoretikern gebraucht wird, in deren Vorstellung die Welt aus merkwürdigen »Strings« besteht. Mit diesem Wort sind endlos ausgedehnte Fäden gemeint, und die Konzeption mit diesem Namen soll die Vorstellung der räumlich begrenzten Teilchen ablösen, von denen die Physik bislang redete. Das englische Wort entspricht der Bezeichnung für Saite, etwa die einer Violine. Doch während eine Saite etwa auf der Geige von Einstein schon greifbar dick sein muß, um schwingend einen Ton abzugeben, dehnt sich ein physikalischer String nicht merklich in die Breite aus. Es ist mehr ein Punkt, der unendlich in die Länge gezogen gedacht wird, falls sich jemand eine Anschauung verschaffen möchte.

Ein String ist ein Nichts, das sich in die Länge zieht – und viele Fachleute langweilt, und nicht nur sie. Die »Stringtheorie« bleibt in ihrer Popularität starken Schwankungen unterworfen, was aber nichts daran ändert, daß ihre Grundoption schon länger in der Welt der Physik zirkuliert und sich hartnäckig hält. Gemeint ist die Tatsache, daß eine Beschreibung der Mikrowelt weit über die drei bzw. vier Dimensionen der anschaulich bleibenden physikalischen Wirklichkeit hinausgehen kann. Die mathematische Durchführung der Stringtheorie gelingt tatsächlich nur, wenn es mehr als drei Dimensionen des Raumes gibt, was zwar nicht der Wahrnehmung entspricht, was für eine Theorie aber unproblematisch ist. Mathematische Räume können schließlich so viele Dimensionen bekommen, wie ihre Hersteller möchten, solange dabei sinnvolle Ergebnisse zustande kommen (was allerdings nicht immer der Fall ist). Und die Raumerfinder können noch mehr, nämlich der von ihnen betrachteten oder bereiteten Ausdehnung Dimensionen hinzufügen, die noch weniger real sind als die in der Stringtheorie benutzten. Die Mathematiker kennen nämlich Dimensionen, die völlig unwirklich sind und daher seit mehr als hundert Jahren »imaginär« heißen.

»Ins Imaginäre schreiten«

Imaginär – damit ist ein Wort gefallen, das eine »geheimnisvolle Dunkelheit« umgibt, wie der größte aller Mathematiker, der in Göttingen tätige Carl Friedrich Gauß, zu Beginn des 19. Jahrhunderts geschrieben hat. Leider hat sich daran bis heute nicht viel geändert. Wenn man – was schwer genug ist – aufmerksamen Laien die Leistungsfähigkeit der modernen Mathematik erläutern will, folgen sie oft bereitwillig – bis das Stichwort der »imaginären Dimension« fällt. Da verweigern auch die Gutwilligsten häufig die Gefolgschaft.

Niemand sagt, daß der Schritt in diese Sphäre leicht nachzuvollziehen ist. Die Mathematiker selbst haben sehr lange dazu gebraucht und sogar mehr als ein Jahrhundert gezögert, den Freiraum des Denkens anzunehmen, der sich ihnen hier bot und bietet. Irgendwie befiel sie die Sorge, sie könnten dabei so verschwinden wie die Flamingos, die Rilke in einem Sonett ins Imaginäre entkommen läßt, und zwar einzeln. Er beobachtet die Vögel, wie sie mit »ihrem Weiß und ihrer Röte« im Jardin des Plantes in Paris beisammenstehen, als plötzlich ein Ruck durch sie hindurchgeht:

> »Auf einmal kreischt ein Neid durch die Volière;
> sie aber haben sich erstaunt gestreckt
> und schreiten einzeln ins Imaginäre.«

Erstaunt gestreckt haben sich nicht nur die Mathematiker, sondern vor allem die Physiker und Ingenieure, als sie merkten, daß ihnen mit dieser imaginären Dimension viel mehr Möglichkeiten gegeben sind, reale Fortschritte zu erzielen. Wer Radio hört oder mit dem Flugzeug fliegt, nutzt

Einsichten, die unter Einbeziehung der imaginären Dimension zustande gekommen sind, was an dieser Stelle erlaubt, dem alten Lied auf die Imagination eine neue (wissenschaftliche) Strophe hinzuzufügen, die alle mitsingen können.[21]

Um dieses Ziel zu erreichen, müssen wir die »geheimnisvolle Dunkelheit« vertreiben, die Gauß hochgradig geärgert hat. Die Unklarheit des Wortes »imaginär« hat ihm überhaupt nicht gefallen, und es ist nur entstanden, weil die Erfinder ausdrücken wollten, daß es ursprünglich um etwas ging, das es ihrer Ansicht nach unmöglich geben konnte und das sie sich nur eingebildet – eben »imaginiert« – hatten. Es ging um eine Zahl, deren Quadrat negativ ist.

Zwar verwirrt es Schüler manchmal noch, wenn sie im Mathematikunterricht lernen, daß minus mal minus plus ergibt, aber irgendwann versteht man, daß zwei negative Zahlen zu einer positiven werden, wenn man sie miteinander multipliziert (»quadriert«). Deshalb scheint es – zumindest auf den ersten Blick – in der Tat unmöglich zu sein, daß sich so etwas wie die genannten imaginierten Zahlen finden läßt, bei denen die Operation des Quadrierens ein negatives Ergebnis ergeben soll.

Und doch existieren solche Zahlen in den mathematischen Sphären, was genauer heißt, daß sie nach unaufgeregten antiken Vorläufern spürbar in der Renaissance aufgetaucht sind. Damals unternahmen die Mathematiker immer mehr Versuche, etwas durch gezielte Berechnungen über die Welt zu erfahren und nicht durch emsiges Hantieren, das sie sich und ihren Mitbürgern ersparen wollten.

Dazu ein Beispiel: Wir wissen, daß die Wirklichkeit drei Dimensionen hat, und wir können das Volumen eines Würfels (Kubus) dadurch berechnen, daß wir seine Seitenlänge dreimal mit sich selbst malnehmen. Wenn diese

Länge L heißt, dann ist das Volumen L mal L mal L, was die Mathematiker mit dem Zeichen L^3 abkürzen (gesprochen: L hoch 3). Wenn man jetzt die Menge etwa an Mehl, die in einem Würfel enthalten ist, auf verschiedene Kuchenbleche verteilen möchte – ein solches Blech mit der Seitenlänge S stellt die Fläche S^2 (S mal S) zur Verfügung – und dazu wissen will, wie viele Bleche man mit einem gegebenen Würfel voll bekommt, dann kann man das durch Probieren herausfinden oder durch Berechnen. Wer den zweiten Weg bevorzugt, muß eine Gleichung aufstellen, in der das L^3 auftaucht, weshalb die Mathematiker von einer kubischen Gleichung sprechen. Und als die Rechenmeister der Renaissance versuchten, solche kubischen Gleichungen zu lösen, tauchten nachhaltig und unübersehbar die oben erwähnten Zahlen auf, deren Quadrat negativ ist.

Zuerst versuchte die rechnende Zunft zwar noch, sie geflissentlich zu ignorieren, man warf die Blätter mit den »schiefen« Lösungen in den Papierkorb und war zufrieden mit den anderen, die nur altbekannte Zahlen enthielten. An diesem Beispiel zeigt sich übrigens, daß Mathematik nicht als die Wissenschaft definiert werden kann, die eindeutige Lösungen liefert. Auch hier finden sich mehrere Möglichkeiten, zwischen denen man sich entscheiden muß, ohne dabei die Mathematik selbst verwenden zu können.

Es gab und gibt mehrere Lösungen von kubischen (und anderen Gleichungen), und nach und nach pochten die bislang ignorierten neuen Zahlen auf ihr Existenzrecht. Im 18. Jahrhundert wurden sie von der Wissenschaft endlich adoptiert. Es war zunächst Leonhard Euler, der sich mutig zu ihnen bekannte und entschied, daß in der Mathematik alles existiert, was sich widerspruchsfrei definieren (festlegen) läßt. Er wies darauf hin, daß sich einfache Gleichungen wie etwa $x^2 + 1 = 0$ auf Papier schreiben lassen, die ganz normal aussehen und daher ganz normal eine Lösung haben sollten wie $x^2 - 1 = 0$. Er gab ihnen die Bezeichnung i, wobei dieser Buchstabe erst »imaginiert« meinte und dann das »imaginär« abkürzte, also das Wort, das Gauß ärgerte, weil es so geheimnisvoll klingt. Davon konnte überhaupt keine Rede sein, wie er meinte und vorführte:

Man braucht bloß in Ruhe hinzuschauen, dann sieht man, daß die Festlegung $i^2 = -1$ oder $i^2 + 1 = 0$ das i und die 1 zu Bundesgenossen macht. Das i ist eine andere 1, die ähnlich wie die natürliche 1 eine Richtung des Zählens angibt. Nicht mehr und nicht weniger. Wenn man erst einmal verstanden hat, daß beide verschiedene Orientierungen angeben, kann man auch versuchen, diese Richtung zu finden. Das i, die imaginäre 1, muß dabei nicht nur anders ausgerichtet sein als die natürliche und höchst reale Zahl 1. Die neuartige Einheit muß darüber hinaus auch verschieden verlaufen von der Geraden, die von -1 angezeigt wird. Das i muß eine Richtung dazwischen anzeigen, und wer sich jetzt den Zahlenstrahl (Abb. 10a) aufzeichnet, findet nur eine Möglichkeit für die Richtung von i, und das ist senkrecht nach oben (Abb. 10b), was erfreulicherweise sofort anzeigt, wo sich der Platz für $-i$ befindet, nämlich auf der Linie senkrecht nach unten.

Damit haben wir eine Zahlenebene gefunden bzw. konstruiert, die zwei Dimensionen kennt, von denen eine durch 1 bestimmt wird und also real ist und die zweite durch i bestimmt wird und also imaginär ist. Der Vorschlag zu solch einer Erweiterung des Zahlenraums, wie Mathematiker sagen, stammt von Gauß, der dann auch ausgenutzt hat, was oben eher nebenbei eingeschmuggelt wurde, nämlich die Tatsache, daß mit Zahlen räumliche Richtungen verbunden sein können.

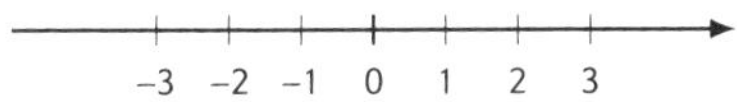

a)

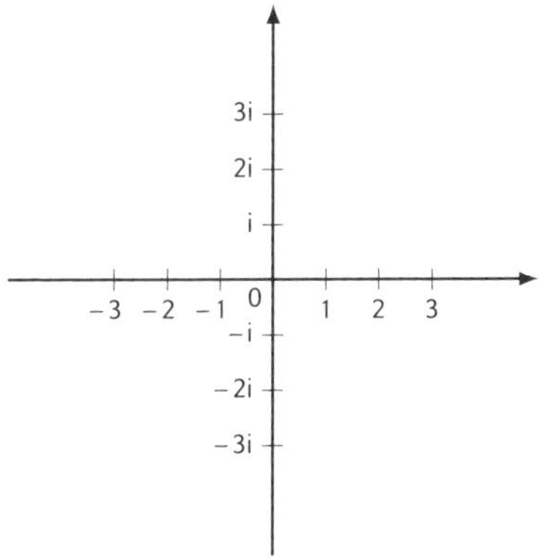

b)

Abb. 10a und 10b ZAHLENSTRAHL UND ZAHLENEBENE

Also: Die Mathematik kennt Räume mit realen Dimensionen, die durch reale Zahlen charakterisiert werden, und sie kennt Räume mit imaginären Dimensionen, die durch imaginäre Zahlen charakterisiert werden, wobei eine Zahl dann imaginär ist, wenn das Malnehmen mit sich selbst zu einem negativen Ergebnis führt.

Übrigens – leider gibt es an dieser Stelle eine sprachliche Verwirrung für Laien – und zwar im Deutschen. Die Mathematiker nennen nämlich die wenig geheimnisvollen Zahlen, mit denen wir etwa ein Datum oder ein Fußballergebnis angeben, leider nur im Englischen »real«. Bei uns heißen sie »reell«, was die Nebenbedeutung »anständig« hat und den Eindruck erweckt, als ob die imaginären Zahlen hinterhältig und gemein sind. Sie sind allerdings ungewöhnlich und trickreicher als ihre reellen Gegenstücke, was heißt, daß der Umgang mit ihnen geübt werden mußte, bevor sie die wunderbaren Wege öffneten, auf denen die Mathematiker viele elegante Beweise führen konnten. Doch die Wissenschaft kann heute bestens mit ihnen umgehen, und die modernen Theorien der Physik – von Einsteins Relativitätstheorie bis zur Atomphysik und darüber hinaus – können nur noch mit Hilfe der imaginären Zahlen formuliert werden. Die realen Räume, in denen sich das physikalische Geschehen abspielt und in denen wir Wissenschaft treiben, können ausschließlich aus imaginären Räumen heraus beschrieben werden. Die Gesetze, die unsere Wirklichkeit bestimmen, handeln von Gebilden, die gar nicht real, sondern höchst imaginär sind. Es lohnt sich also, mit dieser Dimension vertraut zu sein.

Rechts und links im Raume

Das alles konnte Gauß natürlich noch nicht wissen, als er sich um 1830 daran machte, den imaginären Zahlen ein Entree der eben skizzierten Art in seine Wissenschaft zu verschaffen. Er wollte mit ihnen unter anderem mögliche Orientierungen im Raum erkunden und einen Weg finden, um alltägliche Unterscheidungen wie rechts und links oder vorwärts und rückwärts eindeutig bestimmen zu können. Dabei halfen ihm die imaginären Zahlen, die zusammen mit ihren reellen (also realen) Entsprechungen eine Ebene aufspannten. In ihr stellte er die reelle Dimension als eine »direkte Einheit« und die imaginäre Dimension als eine »laterale Einheit« vor. Gauß hoffte mit diesem Sprachgebrauch, dem geheimnisvollen Wort »imaginär« etwas von seiner Dunkelheit nehmen zu können (was offenbar nicht ganz geklappt hat). In solch einer Zahlenebene – so wies Gauß im *Göttingischen Gelehrten Anzeiger* der Akademie der Wissenschaften am 23. April 1831 nach – sind die Relationen zwischen mathematischen Gebilden »in sich völlig bestimmt«. Dies hält er als seine erste Bemerkung fest.

Wunderbar, denkt der Laie, der sich erst wundert, was ein Mathematiker an dieser Stelle noch braucht, um dann über die Antwort des Experten zu staunen. Natürlich muß Gauß mehr wollen, nämlich die Fähigkeit gewinnen, seine Einsicht, wie eindeutig rechts und links zu unterscheiden sind, anderen mitzuteilen. Er muß die erste Bemerkung kommunizieren oder kommunizierbar machen, wie wir heute sagen würden, und dabei taucht eine neue Situation auf, über die er eine zweite Bemerkung macht. Denn um anderen zu sagen, was wir gemacht haben, müssen wir im Moment des Sprechens das Reich der Abstraktion verlassen. Was rechts und links wirklich ist, können wir – in den Worten von Gauß – »andern *nur* durch Nachweisung an wirklich vorhandenen materiellen Dingen mittheilen«. Sonst nicht.

Diese beiden Bemerkungen über die Bestimmung und ihre Beschreibung, so fügt Gauß in einer Fußnote zum Text an, »hat schon Kant gemacht«, aber der Mann aus Königsberg sei dabei stehengeblieben, und – so Gauß – »man begreift nicht, wie dieser scharfsinnige Philosoph in der ersteren einen Beweis für seine Meinung, daß der Raum *nur* Form unserer äußeren Anschauung sey, zu finden glauben konnte, da die zweyte so klar das Gegentheil, und daß der Raum unabhängig von unserer Anschauung eine reelle Bedeutung haben muß, beweiset.«[22]

Noch einmal zum Mitschreiben – auch für alle Philosophen, die Kants Vorstellungen von Raum und Zeit bis heute noch so vortragen, als ob Gauß und Einstein nicht gelebt hätten: Der Raum, so macht das Forschen deutlich, das sich am Wirklichen orientiert und nicht scheut, mathematische Mittel zu seiner Erkundung einzusetzen, dieser Raum ist nicht nur eine gedachte Form. Ihn gibt es wirklich. Der Raum ist nicht nur in uns. Wir sind auch in ihm. Wir können in ihm herumlaufen, ihn erkunden und dabei zum Beispiel zu ermitteln versuchen, welche Beschreibung für ihn angemessen ist. Das wissen wir weder von vornherein noch so ohne weiteres – a priori, wie es in der Fachsprache der Philosophie heißt –, auch wenn es uns so scheinen will. Wir wissen es nur nach den Mühen des praktischen Erkundens.

Wir können und müssen also fragen: Welche Geometrie besitzt die Wirklichkeit? Wie ist sie eigentlich beschaffen? Genau dies wollte Gauß herausfinden, und er begann sein Probieren und Versuchen mit der Frage, welche Summe sich ergibt, wenn man die Winkel von reellen Dreiecken bestimmt. Kommt wirklich 180 Grad heraus, wenn man das Dreieck nicht auf ein Stück Papier zeichnet, sondern drei Punkte in der Welt festlegt und die Winkel mißt, die sich aus deren Verbindungslinien ergeben? Gauß machte sich tatsächlich an die praktische Arbeit der Vermessung. Und um die Punkte möglichst weit voneinander entfernt wählen zu können, suchte Gauß geeignete Hügel in der Umgebung von Göttingen aus, auf die er seine Mitarbeiter klettern ließ.

Kant hätte diese Frage und dieses Prüfen als Unsinn abgetan. Man kann ja auch nicht im Experiment prüfen, ob zwei und zwei vier ergibt, hätte er vielleicht eingewendet und natürlich recht gehabt, denn seine Addition funktioniert so nur in den abstrakten Sphären, in denen es keine anschaulichen Gegenstände gibt und die Realität unbeachtet bleiben kann. Nur im Reich der Mathematik herrscht die Sicherheit, die Einstein bekanntlich an der Geometrie Euklids schätzte. Sie geht aber sofort verloren, wenn er von hier aufbricht, um sich der Wirklichkeit zu stellen. Im Alltäglichen verliert sich die Sicherheit der Mathematik oft sehr rasch. Eins und eins kann zum Beispiel eins ergeben, nämlich dann, wenn zwei Menschen eine Ehe eingehen. Und ein Glas Wasser und ein Löffel Zucker ergeben einen Becher Zuckerwasser, wie jeder weiß, ohne deshalb zu bezweifeln, daß abstrakt eins und eins zwei ergibt, was man aus der Gleichung 1 + 1 = 2 kennt. Während ein Paar nur ein Duo spielen kann, ergeben zwei Paare die Anzahl Menschen, für die Quartette komponiert werden. Zwei und zwei kann also außerhalb der Mathematik weniger als vier – zum Beispiel eins – sein, und ob die Geometrie des Raumes euklidisch ist, liegt nicht durch ein philosophisches Diktum fest, das sich vor der Wirklichkeit mit ihrer ungenauen Meßbarkeit fürchtet, sondern muß in der feindlichen Welt mit ihren häufig häßlichen Tatsachen geprüft werden.

Riemanns Vorschlag mit der Kugel

Der historisch zutreffende Hinweis, daß Gauß an der gestellten Aufgabe mehr oder weniger gescheitert ist, da seine Messungen keinen Hinweis auf eine andere Geometrie ergeben haben, spricht nicht gegen diese Überlegung, sondern weist nur darauf hin, daß die Unterschiede zwischen der gedachten euklidischen und der wirklich realisierten Geometrie des Raumes sehr viel kleiner ist, als die im 19. Jahrhundert verfügbaren Meßinstrumente nachweisen konnten. Der Unterschied ist sogar extrem winzig – sonst würde er uns ja in die Augen springen –, was aber trotzdem auf jeden Fall heißt, daß es ihn gibt. »Vive la différence!« könnte man an dieser Stelle sagen, und an diesem Ausruf haben wir nicht weniger zu knabbern als an dem ursprünglich damit gemeinten Unterschied, der sich zwischen den Geschlechtern findet.

Es benötigt höchst raffinierte Theorien und extrem präzise Messungen, um die Abweichungen der realen Geometrie vom antiken Ideal zu finden, und diese Vorgaben waren erst noch anzufertigen und zu liefern, als Gauß sich mit der Vermessung von Dreiecken beschäftigte. Immerhin – mit ihm war die Idee in die Welt gekommen, daß Räume raffinierter aussehen und gestaltet sein können, als wir denken, und daß es mit wissenschaftlicher Hilfe möglich ist, diesen Aspekt genauer zu erkunden. Die Frage war nur, was man an die Stelle der euklidischen Geometrie setzen würde, falls sie sich als nicht perfekt passend erweist, das heißt, falls sich herausstellt, daß gerade nicht immer gerade ist, sondern daß es auch krumm zugehen kann im Kosmos.

Wir wissen bereits, daß dies der Fall ist, und wir haben auch den Mathematiker schon kennengelernt, von dem der entscheidende Hinweis in die richtige Richtung stammt. Gemeint ist der berühmteste Schüler von Gauß, der viel zu jung verstorbene Bernhard Riemann. Mit ihm können wir sagen, daß Einsteins Leistung in der Einsicht bestand, daß wir im Kosmos besser mit der Riemannschen Geometrie rechnen, wenn wir es ganz genau wissen wollen. Riemanns Geometrie beschreibt eher eine gewölbte Kugeloberfläche und weniger eine glatte Ebene, und ihre Rechenvorschriften sind trickreicher als die von Euklid her gewohnten. Aber wir müssen sie einsetzen, wenn wir etwas höchst genau wissen wollen. Und ganz genau wissen wollen wir zum Beispiel, wo das Ziel liegt, das wir dem Navigator in unserem Auto eingeben. Und das Satelliten-System namens GPS (Global Positioning System), das diesen Ort findet und meldet, funktioniert nur auf der Grundlage von Einsteins Kosmologie, die wiederum physikalisch höchst real macht, was Riemann nur als mathematisch möglich vorgestellt hat.

Wie dramatisch Riemann mit seinem so harmlos klingenden Vorschlag die Vorstellungen seiner Zeitgenossen über den Raum ihrer Existenz verändert hat, zeigt die Reaktion der Engländers W. K. Clifford, der Riemanns erst 1867 (posthum) publizierten Vortragstext in seine Sprache übersetzt. Im Anschluß an diese Tätigkeit wagt Clifford nämlich bereits 1870 die Behauptung, »daß kleine Teile des Raumes tatsächlich eine Natur besitzen, die analog ist zu kleinen Hügeln auf einer Fläche, die im ganzen eben ist«, was bedeutet, »daß die gewöhnlichen Gesetze der Euklidischen Geometrie in ihnen nicht gelten«; und er behauptet weiter, »daß diese Eigenschaft, gekrümmt oder verzerrt zu sein«, sich im Raum ausdehnen kann und daß diese Dynamik der Krümmung »das eigentliche Geschehen in dem Phänomen ist, das wir Bewegung der Materie nennen.«[23]

Eine erstaunliche Einsicht, die aber noch Einsteins Eingreifen benötigte, um als höchst zutreffend erkannt zu werden, wobei noch der Hinweis erlaubt ist, daß Clifford es als Engländer vielleicht leichter hatte, das Gefängnis der Gedanken zu meiden, das die Philosophie eingerichtet hatte und in dem der Raum keinerlei Aktivität entfalten konnte. Natürlich lag man auf der Insel an des Riesen Newtons gewichtiger Kette, aber ihre absolute Unflexibilität ermöglichte es auch, sie leichter aufzubrechen und abzuschütteln als die mehrfachen Verknotungen des deutschen Superschwergewichts Kant.

Was Riemann aufdeckte und ermöglichte, fand irgendwann auch in seiner Heimat einen Interessenten, und es war vor allem Hermann von Helmholtz (1821–1894), der in Berlin die Ideen aus Göttingen aufgriff und weiterentwickelte. Dies bedeutet, daß sie an der höchsten Stelle angekommen waren, die in der Hierarchie der Wissenschaften erreichbar war, denn schließlich galt Helmholtz als »Reichskanzler der Physik«, der die Lage der damaligen Forschung vollständig überblickte.

Der vielseitig tätige und vielfach bewunderte Mann hat den Raum nie nur als mathematisches Terrain betrachtet, sondern sich auch Gedanken über dessen sinnliche Wahrnehmung gemacht. Wir wissen doch etwas vom Raum, ohne daß wir ihn vermessen und mit den dabei gewonnenen Daten berechnen. Wir wissen zum Beispiel von vornherein, daß der Raum auf drei Weisen ausgedehnt ist (drei Dimensionen hat), und wir wissen, daß die perspektivische Verkürzung, bei der etwa Eisenbahnschienen in der Ferne in einem Punkt zusammenzulaufen scheinen, eine Illusion ist und der Zug auch dort weiterfahren kann. Und wir sehen etwas, bevor wir ihm einen Namen geben. Erst sehen wir hin (in den Raum), dann sehen wir ihn (den Raum), und die Frage lautet, was ins uns vorgeht, wenn das einfallende Licht erst zum Sehen und dann zum Wissen führt? Wie entsteht unsere durch mannigfaltige Sinneseindrücke vermittelte Vorstellung des Raumes?

Mit solchen (und ähnlichen) Themen war Helmholtz beschäftigt, der wußte, daß wir kein individuelles Organ für den Raum haben. Wir müssen sehen, hören, greifen und mehr und das alles zusammenführen, um die Welt um uns zu erkunden und dort unter anderem den Raum auszumachen (mit den Gegenständen, ihren Farben und Formen und anderen Erscheinungsweisen). Wer trägt mehr zum Raum ins uns bei? Das Auge? Das Ohr? Die Hände? Das Gehirn? Der Verstand? Das Wechselspiel der Sinne?

Was Helmholtz an Riemanns Vorgehen fesselte, war vor allem die Tatsache, daß der Mathematiker aus dem vornehmlich mit dem Sehsinn erfassten Raum ein dem reinen Denken zugängliches Gebilde machen konnen. Mit anderen Worten: Riemann hatte ein »Sehding« in ein »Denkding« verwandelt. Der Mathematiker hatte seine Konstruktion in einem Hafen errichtet, der so weit wie möglich von dem stürmischen Meer weg war, in dem das menschliche Wissen zusammenfließt. In Riemanns Raum ging es ruhig zu, aber Helmholtz wagte sich aus seiner Sicherheit hervor, um mit den Ungewißheiten umzugehen, die in den menschlichen Fähigkeiten der Wahrnehmung und Erfahrung stecken, die unter anderem Empfindungen und Vorstellungen hervorrufen, die wir mit Gefühl und Verstand bearbeiten, bevor wir der Vernunft das letzte Wort zu überlassen versuchen. Diese Aufzählung soll dabei andeuten, wie viele Ausdrücke – und damit Eigenschaften – wir nennen können, die uns Zugang zum Raum und anderen Aspekten der Wirklichkeit verschaffen, und sie alle gilt es zu berücksichtigen und zu unterscheiden.

Anders ausgedrückt: So leicht uns das sinnliche Wahrnehmen fällt, so schwer wird es sein, uns darüber geeignet zu verständigen. Sehen als sinnliche Leistung etwa bringt uns die Natur bei, wenn wir heranwachsen. Unsere Augen öffnen sich ohne unser Zutun. Sie lassen Licht herein, das von Nervenzellen aufgenommen und weitergeleitet wird, ohne daß man genau sagen könnte, ob dabei ein Zielpunkt im Hirngewebe angesteuert wird. Irgendwo im Kopf wird das Sehen zum Mittel der Erfassung von Raum und Zeit und all den Vorgängen, die sich darin abspielen. Dieses Sehen gehört zu unserer Kultur, und es muß erst gelernt werden, was mit dem gemeint ist, was wir gesehen oder eingesehen haben, denn schließlich müssen wir es immer ausdrücken. Dazu benötigen wir Begriffe, wobei es natürlich passieren kann, daß wir irgendwann meinen, wir sehen das, was ein Begriff ausdrückt. Dieses Thema wird uns erneut begegnen, wenn wir uns vorstellen, wie Cézanne die Frage nach dem Sehen beantwortet hat. Sie hat nicht nur Helmholtz und andere Forscher um- und angetrieben, sondern gerade auch Maler, und vor allem den, von dem aus die kunsthistorische Spur zu Picasso führt.

Doch wir brauchen noch Zeit, bevor wir den lateralen Weg zur Malerei finden können. Noch stehen wir im Territorium der Wissenschaft und blicken auf den 1882 geadelten Helmholtz, dem von allen Historikern eine bestaunenswerte Universalität nachgesagt wird. Immerhin hat der preußische Naturforscher mindestens als Arzt, als Physiker und als Lebenswissenschaftler (Physiologe) und daneben sogar als Philosoph Bedeutendes geleistet und sich darüber hinaus mit seinen populären Schriften auch um die Vermittlung von Wissenschaft – zumindest bei den gebildeten Ständen – verdient gemacht. Als Arzt entwickelte Helmholtz den Augenspiegel, als Physiker begründete er 1847 den Satz von der Erhaltung der Energie, als Physiologe verfaßte er um 1860 das in viele Sprachen übersetzte *Handbuch der physiologischen Optik*, das bis heute in Lehrbüchern erwähnt wird (wenn auch mehr in französischen oder englischen), und als Philosoph dachte er unter anderem über Wahrnehmung und *Optisches in der Malerei* nach. In diesem Text von 1876 setzte sich Helmholtz mit der Theorie der Kunst auseinander und er wunderte sich vor allem über die Mittel, die ein Maler einsetzen kann, um im Betrachter eines flachen Bildes die Mechanismen des Sehens (Erkennens) auszulösen, die sonst beim Blick auf die sich räumlich erstreckende Natur zur Geltung kommen. Helmholtz erinnerte zum Beispiel daran, daß die Konstruktion der Perspektive von einem einzelnen unbewegten Auge ausgeht, und es wunderte ihn, wie es gelingen kann, daß ein Bild ohne physiologische Räumlichkeit trotzdem einen perfekten Eindruck von Landschaft vermittelt. Wir sehen doch die Welt mit zwei bewegten Augen. Wie kann ein Maler uns so täuschen?

Tatsächlich ist bei Helmholtz viel von Täuschung die Rede, was ihn dazu bringt, das Spektrum der bekannten Räume um eine weitere mögliche Komponente zu erweitern. Neben den mathematischen, den physikalischen und den wahrgenommenen Raum stellt Helmholtz deren dargestellte Version, den abgebildeten Raum. Der Bildraum ist ja nicht der Weltraum, er zeigt ihn nur, und da muß ein gebildeter Naturforscher fragen, wie die Künstler bei der Erzeugung des anderen Raumes vorgehen und welche Eindrücke ein Betrachter dabei gewinnen kann oder soll.

Wenn wir von den Eindrücken her kommen, müssen wir auf die Farben eingehen, die uns zuerst ins Auge springen. Das ist anders als bei Kindern, die sich oftmals eher durch Formen beeindrucken lassen – sie finden es spannender, wenn sie irgendwo einen Finger durchstecken können, und es ist ihnen gleich, ob der dazu benutzte Ring rot oder grün ist. Doch Erwachsene reagieren häufiger bevorzugt auf Farben. Um deren Analyse kümmerte sich Helmholtz ebenfalls sehr intensiv und er entwickelte nach den Vorgaben des englischen Physikers Thomas Young eine sogenannte Dreifarbenlehre. Sie besagt, daß alle Farben, auf die wir reagieren können – die wir also empfinden, wahrnehmen, sehen, erkennen, unterscheiden oder registrieren können, wie sich auf vielfältigste Weise ausdrücken läßt –, daß sämtliche uns zugänglichen Nuancen aus drei ursprünglichen Farbempfindungen zusammengesetzt werden können. Helmholtz nennt Rot, Grün und Blauviolett als Primärfarben, wobei es wichtig für ihn und für uns ist, daß er sie als Empfindungen versteht. Mit diesem Wort bezeichnet Helmholtz die erste Reaktion, die ein Lebewesen nach Eingang von physikalischen Reizen vollzieht und die sich in einer Erregung (Anregung) der Nerven zeigt. Wir verwenden das Wort heute anders. Wir empfinden eher Trauer oder Schmerz als Rot oder Blau, aber wenn wir Helmholtz und seine Zeitgenossen, zu denen nicht zuletzt die Impressionisten und ihre Nachfolger gehören, verstehen wollen, müssen wir uns wenigstens vorübergehend auf ihren Sprachgebrauch einlassen.

Also: Wir empfinden Farben, sagt Helmholtz, und die Frage lautet, wie das dazugehörige Licht ins Auge und damit in uns gelangt und zum bewußten Sehen wird. Irgendwo muß ein Lichtstrahl empfangen werden, und es ist unwahrscheinlich, daß wir für jede einzelne Komponente aus der unendlichen Farbenvielfalt, die wir unterscheiden können, einen besonderen Empfänger haben. Helmholtz zeigt – sowohl mit mathematischen Methoden als auch mit Untersuchungen am Auge –, daß sich das Farbensehen mit der Annahme erklären läßt, daß uns in der Netzhaut drei Empfänger zur Verfügung stehen, und die moderne Physiologie stimmt ihm da im wesentlichen zu. Die für die Farbwahrnehmung zuständigen Zellen des menschlichen Auges verfügen über drei Photopigmente, die über Nervenzellen an das Gehirn weiterleiten, was sie empfangen haben bzw. daß etwas bei ihnen angekommen ist.

Die folgenden Vorgänge im Nervensystem fügen sich allerdings nicht so einfach dem Dreierschema. Hier werden die Empfindungen aus dem Auge eher so kombiniert, daß vier Farbgrundtöne auszumachen sind, die sich im Kopf bemerkbar machen, und es ist das Gelb, das neben das obenerwähnte Trio Rot-Grün-Blau tritt. Im Gehirn kommen also vier Primärfarben an, was ein Zeitgenosse von Helmholtz allemal vermutet und ständig behauptet hat. Gemeint ist Ewald Hering (1834–1918), der sich nicht vorstellen konnte, daß wir das helle Gelb als Mischfarbe erleben. Es mag im Auge anders vor sich gehen, aber im Gehirn stellt Gelb eine reine Farbe dar.

Zwischen Helmholtz und Hering gab es im 19. Jahrhundert etwas, das leider rar geworden ist, nämlich eine auf höchstem wissenschaftlichen Niveau geführte Kontroverse über die Frage, wie uns die Wahrnehmung gelingt – nicht nur die Wahrnehmung von Farben, sondern auch die des Raumes mit Hilfe von Licht.[24] Wie erkennen wir sehend den Raum, in dem wir uns aufhalten? Überhaupt – wie wandelt sich in uns (oder: wie wandeln wir in uns) Licht in Sehen? Wie werden aus den Empfindungen die Erkenntnisse und Erfahrungen, die wir anderen mitteilen können? Wer etwas sagt, braucht Begriffe. Aber wie findet er die Wörter für die Dinge, die er vor seinen Augen sieht?

Empirismus vs. Nativismus

Das sind alles Fragen, die bis heute Mühe machen und an die man sich damals zum ersten Mal mutig von seiten der Wissenschaft und der Kunst heranwagte. Bleiben wir bei den Forschungen und den Meinungsverschiedenheiten von Helmholtz und Hering, die sich als relevant für das Verständnis des Malens erweisen werden. Tatsächlich können »die Unterschiede in der sinnesphysiologischen

Wahrnehmungstheorie auch unterschiedliche Kunstauffassungen bedingen«, wie Michael Heidelberger es in seiner Darstellung der beiden Auffassungen des 19. Jahrhunderts ausgedrückt hat, für die sich leider sehr merkwürdige Bezeichnungen eingebürgert haben.[25] Helmholtz vertritt die Idee, die als »Empirismus« bekanntgeworden ist, und Hering hält ihr seine Vorstellung entgegen, die »Nativismus« genannt wird (und die bereits weiter oben in Abb. 2 erwähnt wurde). Schon jetzt soll erwähnt werden, daß der amerikanische Psychologe und Philosoph William James ähnliche Ansichten wie die von Hering entwickelt und geäußert hat. Wir können deshalb annehmen, daß Gertrude Stein als Schülerin von James mit diesen Konzepten vertraut war, und wir stellen uns vor, daß die Amerikanerin davon erzählt hat, als sie in Paris Picasso Modell saß.

Das kompliziert klingende Wort »Empirismus« leitet sich vom griechischen Ausdruck »empeiría« für die Kenntnisse ab, die man durch sinnliche Eindrücke (Erfahrungen) erworben und nicht ohne diese zur Verfügung hat. Wir empfangen zunächst Reize (Informationen) aus der äußeren Welt, die über Sinnesorgane wie z. B. die Augen zu Erregungen der Nerven in der Innenwelt führen. Damit haben wir Empfindungen, wie Helmholtz sagen würde (wobei uns das Wort »Wahrnehmung« lieber wäre).

Mit den von den ersten Eindrücken erzeugten Nervenaktivitäten fertigt unser Denken zunächst die Vorstellungen an, die wir von einem Gegenstand oder seinem Umfeld haben, und dann die Begriffe, mit denen wir ausdrücken, was wir empfinden und wissen. Was wir Raum nennen, besteht aus einer Empfindung, die vom Verstand bearbeitet und geformt wird. Für Helmholtz gibt es keine Empfindung von oder für Raum. Die dreidimensionale Ausdehnung der Welt, in der sich die Physik und unser Leben abspielen, entsteht in unserem Bewußtsein und mit seiner Hilfe. Wir denken den Raum, indem wir lernen, den Zeichen, die uns die Sinne liefern, die Bedeutung zu geben, die wir als Bild zur Verfügung haben. Unsere Erkenntnis – so sieht es Helmholtz – kommt als Bild zustande, das wir uns machen. Da die Zeichen, die wir auf diese inneren Bilder aufsetzen, für äußere Dinge stehen, dürfen wir sie als Symbole ansehen, was zusammenfassend bedeutet, daß Erkenntnis durch eine symbolische Konstruktion der Wirklichkeit gelingt und verstanden werden kann.

Keine Frage, es ist ganz schön kompliziert, was sich Helmholtz da ausgedacht hat, und es kam nicht zuletzt Hering viel zu verwickelt und konstruiert vor. Er meinte, daß zumindest die Raumwahrnehmung ursprünglicher und direkter möglich sein müsse, und er hielt die Annahme für sinnvoll und wahrscheinlich, daß wenigstens ein Teil des Raumes uns ohne Lernen und ohne Arbeit des Verstandes zugänglich sein müsse. Anders ausgedrückt, Hering ging von dem Gedanken aus, daß uns die Natur die Wahrnehmung von Raum mit auf den Weg gibt, daß wir die Fähigkeit dazu als Geschenk bei der Geburt erhalten, und dieser Gedanke findet sich heute unter dem Stichwort »Nativismus« in den Lehrbüchern und Lexika.

Ein Nativist behauptet nicht, daß wir alles fix und fertig geliefert bekommen, daß also alles Wahrnehmen schon am ersten Tag des Lebens funktioniert. Er sagt nur, daß etwa unsere beiden Augen die *zwei* Sinneseindrücke, die zu ihnen gelangen, sofort zu *einer* Empfindung von Raum werden lassen, ohne daß wir den bewußt agierenden Verstand und seine Rechen- oder Kombinationskünste bemühen müßten. Räumlichkeit entsteht unmittelbar und benötigt keine zusätzliche Tätigkeit im Nervensystem, wobei nicht ausgeschlossen ist, daß wir durch Erfahrungen lernen können, uns besser im Raum zu orientieren. Das heißt zum Beispiel konkret, daß wir uns zwar noch in der ersten Nacht, die wir in einem Hotelzimmer verbringen, im Dunklen auf dem Weg zur Toilette verirren und irgendwo dagegen rennen, daß uns dies aber nicht wieder passiert, wenn wir noch einmal dort schlafen.

Es ist wenig ergiebig, die philosophische Kontroverse hier weiter auszubreiten, obwohl sie Fragen aufwirft, die bis heute spannend und lockend sind. Wer weiß denn schon, wie aus den beiden flächigen Lichtmustern auf den Rückwänden (Netzhäuten) der zwei Augen in unserem Kopf das eine räumliche Bild wird, das wir zur Erfassung der Welt nutzen? Was muß das Gehirn tun, um die Tiefe des Raumes zu erfassen? Nur nebenbei sei darauf hingewiesen, daß sich die Antworten jeder Epoche – menschlich höchst verständlich – an den jeweils aktuellen technischen Möglichkeiten orientierten. Während Helmholtz mit Telegraphendrähten und Relaisstationen beschäftigt war, bringen heutige Hirnforscher Computerprogramme und deren Rechenkapazitäten ins Spiel, und niemand kann sagen, welche Technologie uns in den kommenden Jahrzehnten fasziniert und die Ideen bestimmt, wie unser Gehirn das Wissen erwirbt, nach dem es uns streben läßt.

Konzentrieren wir uns auf die Aspekte, die für den hier verhandelten Zusammenhang Bedeutung haben. Bei der gegen Helmholtz gerichteten nativen (nicht: naiven) Theorie ist auf jeden Fall der Aspekt wichtig, wie es dem Wahrnehmungsorgan gelingt, einen Gegenstand einheitlich zu erfassen. Man kann bekanntlich einen Stuhl von oben, von unten, von hinten, von vorne und aus anderen Lagen betrachten, und während wir das tun, bleibt das Sitzmöbel ein und derselbe Gegenstand, wie wir auch problemlos als

Kenntnis verbuchen, wenn ein Teil von ihm hinter einem Tisch oder der Person verschwindet, die darauf sitzt.

Der Empirist Helmholtz vermutete (wenig überzeugend), daß wir im Laufe vieler Erfahrungen lernen, verschiedene Sinneseindrücke auf eine einzelne Ursache zurückzuführen, die uns nicht gegeben ist, sondern erst angefertigt wird – ohne daß genauer zu erfahren ist, wie dies im Detail vor sich geht. Der Vorschlag bleibt daher merkwürdig isoliert in der Luft hängen und läßt den Leser – zumindest den Autor dieser Zeilen – rasch allein.

Die Nativisten werden an dieser Stelle erfreulich konkreter. Sie stellen sich vor, daß wir die Gegenstände in einer Standardform in uns tragen – ähnlich wie es früher Platon gemeint hat, der davon sprach, daß Menschen mit den sogenannten Urbildern (den Ideen) der Dinge ausgestattet sind und die äußerlich sichtbaren Gebilde mit diesen vergleichen. Wenn wir etwas wahrnehmen, suchen wir im Verständnis der Nativisten nach Grundgestalten in uns, die mit der sinnlich vermittelten Erscheinung vergleichbar sind und in die wir das sinnlich Aufgenommene Schritt für Schritt überführen können. Wir führen das Innen mit dem Außen zusammen, indem wir aussuchen, welche der nativen Standardstrukturen mit den eingegangenen Informationen am besten zusammenpassen. Wenn dieser Vorgang abgeschlossen ist, haben wir den Gegenstand erkannt, wobei noch die Worte zu finden sind, mit denen wir unser Ergebnis anderen mitteilen.

Wir antworten an dieser Stelle nur sehr knapp auf die sich offenkundig aufdrängende Frage, woher denn diese Standardformen des Erkennens kommen, und wir tun dies durch die Standardantwort, die auf evolutionäre Mechanismen hinweisen. Wir belassen es dabei, ohne den Versuch zu unternehmen, die Bedeutung solcher Ideen für das

Überleben der Menschheit anzugeben oder nachzuweisen. Für unsere Zwecke reicht die Annahme, daß es sich lohnt, von solchen denk- und produzierbaren Grundformen des Wissens auszugehen, zu denen sich nicht zuletzt der pragmatische Philosoph William James bekannte. Bei ihm heißt es wörtlich: »Das ›Ding‹, das wir wahrnehmen, ähnelt immer … einer anderen optischen Form, die in unserem Geist zum Realitätsstandard wurde.« Er spricht von der »dauernden Rückführung unserer optischen Gegenstände auf ›wirkliche‹ Formen«. Sie sind von Geburt an vorhanden (»nativ«) und werden sogleich körperlich aufgefaßt, also mit den drei räumlichen Dimensionen versehen.[26]

»Sehding« und »Denkding«

Wer von der nativistischen Sicht der Dinge ausgeht, kann offenbar mühelos den Weg zum Kubismus finden und in ihm eine native Malerei sehen. Mit diesem Ausdruck bekommt auch der Satz von Picasso seinen Sinn, in dem es heißt: »Jeder möchte die Kunst verstehen. Warum versucht man nicht, die Lieder eines Vogels zu verstehen?«[27]

Wenn ein Vogel singt oder ein Hahn kräht, geschieht das aus derselben (nativen) inneren Notwendigkeit heraus, aus der jemand wie Picasso malt – oder jemand wie Einstein sich fragt, wie sich die Gleichzeitigkeit von Ereignissen feststellen läßt. Und aus dem Inneren kommen auch die Formen, die Picasso auf die Bildfläche setzt, wobei er dies nicht nur nativ tut, sondern womöglich auch noch erklärt bekommen hat, und zwar durch Gertrude Stein, die 1890 bei James in Harvard studiert hatte, seine Auffassungen kannte und vielleicht den Hinweis gegeben hat, daß Gegenstände durch ihren »Realitätsstandard« abgebildet werden sollten.

Dies geschieht im Kubismus in zumeist geometrisch angelegten Standardformen, die man merkwürdigerweise zugleich als »reale« und als »gedachte« Gestalten bezeichnen kann. Denn zum einen denken wir sie uns mit Hilfe der äußerlichen Erscheinungen, und zum zweiten halten wir sie für die wirklichen Formen, die hinter diesen Erscheinungen stecken.

Die nativistische Auffassung der Wahrnehmung erlaubt eine viel angenehmere Beschreibung von Malerei, als sie Helmholtz gibt. Aus seiner Sicht liefern uns die Künstler eine Täuschung. Das betrachtete Objektive soll im betrachtenden Subjekt als Illusion erscheinen. Gemälde stellen ja eine räumliche Realität (mit drei Dimensionen) auf der Fläche dar, die mit einer Dimension weniger auskommen muß, und die Qualität eines Bildes zeigt sich dann, wenn es dabei möglichst wenig Reibungspunkte gibt, wenn also »die subjectiven Phänomene des Auges objectiv auf das Gemälde« gesetzt werden, wie Helmholtz 1876 feststellte, als er über »Optisches in der Malerei« nachdachte.

Traditionellerweise berufen sich philosophische Texte, die Malstile und Malweisen erklären oder begreiflich machen wollen, mehr auf Helmholtz, wenn sie das wissenschaftliche Fundament des Sehens und Schauens ins Visier nehmen wollen, das es gestattet, wahrgenommene Gegenstände auf geometrische Formen zurückzuführen. Bei aller Komplexität des Helmholtzschen Ansatzes gefällt ihren Autoren seine Unterscheidung, daß wir durch Lichtempfindungen erst Zeichen sehen und aufnehmen, die wir anschließend in einem bewußten Akt der Deutung zu den Symbolen machen und zu dem Gesamtbild zusammenfügen, auf das es ankommt. Sinneseindrücke sind Zeichen, deren Sinn der Verstand lernen muß, sagt Helmholtz, der bei seinen Überlegungen auch die seit der Renaissance bewährte Zentralperspektive auflöst. Zwar konnten die Maler im 16. Jahrhundert noch annehmen, sie stellten uns »die Welt da draußen« vor. Aber seit mehr über das Wahrnehmen nachgedacht wurde, zeigte sich, wie Helmholtz betonte, daß es mehr auf »die Welt da drinnen« mit ihren symbolischen Formen ankam. Die Zentralperspektive sollte die räumliche Struktur unserer Erfahrung imitieren. Aber das tut sie nicht. Sie stellt nur die symbolische Form dar, die unser Konzept von Welt ausdrückt. Wir sehen mit ihr, was wir denken.

Damit kam Helmholtz' Denken den Intentionen des Kubisten entgegen, wie sie Maurice Raynal in seinem Buch *Some Intentions of Cubism* von 1919 beschrieben hat. Seiner Darstellung nach ging es den Kubisten um die Reduktion von wahrgenommenen Objekten auf diejenigen geometrischen Formen, mit denen der Kopf (das Gehirn oder der Geist) die Sinneseindrücke ordnet (und die moderne Neurowissenschaft kann dem nur zustimmen). Raynal berief sich auf die Ansichten von Helmholtz, weil er ihnen den Gedanken entnahm, daß jedes Sinnesorgan nur bestimmte Muster registriert. Die Sinne liefern das Material, aus dem der Verstand die Form macht, die wir erkennen. Und ein Jahr später (1920) assistiert ihm Henry Kahnweiler in *The Way to Cubism:*

»Der Kubismus erfaßt Gegenstände so eng wie möglich gemäß ihrer primären Form. Die unbewußte Arbeit, die wir erledigen müssen, um die Struktur zu erfassen, die dem anvisierten Objekt unterliegt, wird durch die kubistischen Gemälde erleichtert, da sie den Gegenstand in seiner grundlegenden Gestalt uns vor Augen stellen.«

Im Kubismus wird diesen Autoren zufolge die uralte (philosophische) Frage neu gestellt, wie jemand die Welt kennen kann. (»Was können wir wissen?«, lautet die berühmte Formulierung von Kant). Und die Antwort heißt, daß wir im Kopf ein Bild der Welt in der gleichen Weise entwerfen, wie es die Kunst tut, die Symbole verwendet, um uns eine Wirklichkeit zu zeigen. Damit orientierte man sich in diesen Kreisen an Helmholtz, demzufolge kognitive Prozesse ihren Betreibern etwas von Bedeutung über die Welt mitteilen. Sie tun dies mit allen möglichen Eindrücken – mit Sinneserfahrungen, Emotionen, Phantasie, Gedächtnis, unbewusstem Wissen und mehr. Was als bedeutend gilt, hängt dabei von den Aufgaben ab, die ein Betrachter zu lösen hat. Sie handeln zumeist davon, sich in der Welt zurecht zu finden und sein Überleben zu sichern.

Keine Frage: Vielen wird diese Eingrenzung der Idee ein wenig zu sehr nach Biologie schmecken. Aber biologische Wesen sind wir Menschen nun einmal, und aus der Tatsache, daß wir viele Eigenschaften unseren Genen und deren biochemischen Entfaltungen verdanken, folgt ja nicht, daß wir unser Leben an deren Gängelband führen. Vielmehr folgt daraus, daß wir uns auf unser Erbmaterial verlassen können, sonst hätten wir den Überlebenskampf namens Evolution nicht durchgehalten. Wir sind mit genetischer Hilfe ausgezeichnet in der Lage, wunderbar dort klarzukommen, wo wir hinpassen, und diese Einstellung kann dazu verleiten und ermutigen, der nativistischen Ausgangsposition von angeborenen Mechanismen der Welterkennung sympathisch zu begegnen und sie fortzuspinnen.

Tatsächlich kommen die Ideen von Helmholtz' Kontrahenten eher in Frage, auf die bildende Kunst angewendet zu werden und etwas zu ihrem Verständnis beizutragen.

Das Argumentieren mit genetischen Mechanismen erlaubt es sogar, zwei Arten des Malens bzw. der Darstellung eines Objektes zu unterscheiden. Da ist zum einen die bereits geschilderte Verwandlung des Gesehenen in seinen »Realitätsstandard«, wie es James nennt. Da ist aber auch zum zweiten die Möglichkeit, ein Ding so abzubilden, wie es im Auge – auf der Retina – erscheint, bevor das Denken es in die Hand nimmt. Man kann etwas als »Sehding« oder als »Denkding« malen, wenn man den Unterschied so knapp wie möglich ausdrücken will, der in der Sprache der biologischen Wissenschaft leicht zu verorten ist. Das Sehding zeigt sich früh auf der Netzhaut, und das Denkding steckt irgendwo im Nervengewebe, wo es danach entsteht. Mit anderen Worten, wir können malen, was sich im Auge zeigt oder was sich im Gehirn findet, und beides ist in der Geschichte der Kunst versucht worden und auf der historischen Strecke zu finden, die hin zum Kubismus und seinen Formen führt.

Die Impressionisten malten, was sich dem Auge zeigt, und die Künstler, die nach ihnen kamen – die Post-Impressionisten – malten, was hinter dem Auge stattfindet und sich denken läßt. »Impressionismus ist die Geburt des Lichts in der Malerei«, wie der Kubist Robert Delaunay in einem Manifest »Licht« von 1912 geschrieben hat, also fast ein halbes Jahrhundert nach dem Aufkommen des Malstils, der die Menschen zu Beginn entsetzte und an dem wir uns bis heute nicht sattsehen können.

Die impressionistischen Maler – allen voran Claude Monet (1840–1926) – waren begeistert vom Licht. Sie wollten die Natur und die Welt mit Gartenfesten und Bahnhofshallen so lebhaft darstellen, wie sie tatsächlich erlebt werden, wie sie also im Augenblick erscheinen. Damit teilten sie das Ideal der Maler aus der Renaissance, deren Bilder zwar so echt wie die Welt schienen, die aber längst nicht so lebhaft wie sie waren. So korrekt die Perspektive eingehalten und so genau und sauber jeder Strich gezogen wurde – immer kam ein viel zu steif aussehendes Bild heraus, und nur Leonardo da Vinci hatte einen Weg gefunden, seine Mona Lisa mit Leben zu füllen. Leonardo hatte auf Linien verzichtet, die dem Gesicht scharfe Konturen gaben, und die angestrebte Form statt dessen durch Übergänge zwischen Farben und Schatten erzielt. »Sfumato« nennen Kunsthistoriker diese Technik, die das Entstehen des Gesichts (seine Gestalt) in den Betrachter verlegt und den Eindruck der Lebendigkeit bei diesem Prozeß entstehen läßt.

Das war sehr erfolgreich, half aber den Impressionisten nicht weiter, da Leonardos Schatten schwarz waren und somit eine Farbigkeit zeigten, die es etwa auf der glitzernden Oberfläche eine Sees oder auf einem Mohnfeld in der Mittagssonne nicht zu sehen gab. Im Freien sahen Schatten nicht schwarz aus. Die lichtschwachen Stellen mußten mit Gegenfarben ausgeführt werden, was aber zu einer Schwierigkeit führte. Denn es galt zu beachten, daß ein Blauton dem Betrachter signalisiert, daß der so umhüllte Gegenstand in weiter Ferne liegt. Wir kennen alle das bläuliche Schimmern von Hügeln im Hintergrund einer realen Landschaft, das physikalisch durch Lichtstreuung erklärt werden kann. Und da die Identifizierung von kalten Farben mit Ferne und von warmen Farben mit Nähe die Tiefe des Raumes zu erkennen gibt, spricht man von der Luftperspektive, die an die Seite der Zentralperspektive treten oder ihre Stelle einnehmen konnte.

Damit sind wir schon wieder beim Verstand, der sich ein Bild vornimmt, während die Impressionisten sich als Augen verstanden, die auf das Licht reagierten. Sie wollten Landschaften im schwankenden Sonnenlicht malen, das ihnen ins Auge fiel, und sie fragten nicht länger nach den Formen. Wie es der Kunsthistoriker Gombrich ausdrückt: »Impressionistische Bilder waren meist genial, aber konfus«, und das war ein Problem, denn »Cézanne haßte Konfusion.«[28]

Wie konnte beides zusammengebracht werden, die leuchtenden Farben und die klaren Formen? Wie konnte man zugleich »nach der Natur« malen und ein Bild hervorbringen, bei dem nichts zufällig angebracht zu sein scheint und jede Einzelheit wie aus innerer Notwendigkeit entstanden wirkt? Wie kann ein Bild Raumtiefe und Körperlichkeit zeigen, ohne bloß als Illusion zu wirken?

Das Geheimnis von Cézannes Kunst, das sie so attraktiv macht, besteht darin, »die anscheinend unlösbare Aufgabe«, dem Impressionismus eine stille Größe zu geben, gelöst zu haben, ohne daß es möglich ist, »in Worten zu erklären, … was er erreicht hat«.[29] Wer seine Bilder anschaut, sieht unter anderem, daß Cézanne auf die Fluchtpunktperspektive verzichtet und daß er die Gegenstände wie geometrische Objekte – also etwa Äpfel wie Kugeln und Hausdächer wie Parallelogramme – erscheinen läßt. Cézanne wollte die spontane Ordnung der wahrgenommenen Dinge in die menschliche Ordnung der grundlegenden Ideen verwandeln und er überlegte – wie Helmholtz –, auf welche Weise Sehen und Denken zusammenhängen. Dabei fiel dem Maler, der Natur ja nicht nur erkennen, sondern auch erschaffen wollte, etwas Merkwürdiges auf:

Wenn wir mit Worten ausdrücken, was wir sehen, sagen wir etwa: »Wir sehen ein Haus.« Aber tatsächlich sehen wir kein »Haus«. Das ist nur der Name – ein Wort, ein Begriff – für das Ding, das wir sehen. Im Auge kommt nur Licht an, das uns über Farben, Linien, Schatten und andere visuell zugängliche Elemente informiert, und mehr nicht. Wenn wir alles sehend Erfaßte zusammen ein Haus nennen, um bei dem einen Beispiel zu bleiben, springen wir nicht nur an allen Vorgängen der Wahrnehmung vorbei. Wir tun auch so, als ob sie keine Rolle spielen würden, und setzen das (schon feste) Wort an die Stelle des (sich noch vollziehenden) Sehens. Das ganze Werden, unser ganzes Tun verschwindet hinter dem Begriff, der rasch an seine Stelle tritt.

Dieser Kurzschluß ist sicher sinnvoll, wenn man sich rasch verständigen möchte. Aber die Dominanz des Begriffs ist nicht mehr sinnvoll, wenn man verstehen möchte, wie wir die Außenwelt in uns aufnehmen. Und es hilft erst recht nicht, wenn diese wahrgenommene Wirklichkeit in einem Kunstwerk erscheinen soll. Denn wer ein Haus malen will, muß ja anders vorgehen als etwa ein Photograph, der in einem Apparat eine ganze Fläche auf Fingerdruck in einem langen Augenblick, der Belichtungszeit, mit einem Schlag füllt. Niemand kann in einem einzigen Auftrag und mit einer einzigen Handbewegung ein ganzes Haus malen. Man kann nur Punkte, Striche, Linien, Kurven und andere Figuren auf die Leinwand bringen und hoffen, daß sie alle zusammen am Ende das Haus ergeben, das man am Anfang des Malens im Sinn hatte.

Bei diesen Überlegungen ist es durchaus möglich, daß Cézanne zu der grundlegenden Ansicht gekommen ist, daß Sehen Malen im Kopf ist. Das Gehirn vollzieht innen, was der Künstler außen unternimmt. Dieser Gedanke leuchtet nicht zuletzt aus der Tradition heraus ein, daß Menschen nur verstehen können, was sie selbst gemacht haben. Die Bilder, die wir sehen, können wir wie Bilder verstehen, die wir malen, und wenn dies der Fall ist und von uns akzeptiert wird, dann dreht sich die ganze Sache plötzlich um. Dann sehen wir nicht mehr Natur auf Bildern. Dann sehen wir Bilder in der Natur, und wer das bezweifelt, braucht sich nur zu überlegen, wie oft er einer Landschaft die Eigenschaft gegeben hat, malerisch schön zu sein, und wann er zuletzt von einem Gesicht geschwärmt hat, das wie gemalt sei.

Was bei Cézanne so eindrucksvoll passiert, kann man vielleicht so ausdrücken: Cézanne gibt den Bildern einen höheren Rang. Sie sind keine Nach- oder Abbildungen der Natur mehr, sondern deren Formung und Gestaltung. Bilder sind eigenständige Hervorbringungen der Kunst. Mit ihnen entsteht eine andere Wirklichkeit, und zwar eine, die von Menschen geschaffen wird, wobei zu beachten ist, daß bereits zu Lebzeiten des französischen Malers nur noch wenige Menschen von Natur umgehen lebten. Sie hielten sich immer mehr in den technisch gestalteten Welten der Städte auf, was bedeutet, daß die Idee einer zweiten (von Menschen gemachten) Wirklichkeit den Künstlern der damaligen Zeit längst vertraut war. Cézanne nahm sie dann so ernst, wie sie es verdiente, und er legte seine Bilder so an, daß sie in dieser Wirklichkeit angesiedelt werden konnten.

Cézanne malte also Bilder, in denen die auf ihnen sichtbare Wirklichkeit erfunden ist. Heute würde man von ihrer Konstruktion oder Gestaltung sprechen, die an die Stelle der Nachahmung oder Darstellung tritt, und tatsächlich sagt ja auch die moderne Hirnforschung, daß unser Gehirn keinesfalls nur die Reize von außen auf sich einprasseln läßt und ansonsten passiv bleibt. Vielmehr formt unser Gehirn aktiv das Bild der Welt, das es uns liefert, wobei entscheidend für die Kunst ist, daß unsere Wahrnehmungen nicht einfach da sind, sondern immer wieder entstehen – und sie tun dies auch oder erst recht dann, wenn wir ein Bild betrachten. Interesse an der Natur haben wir von Natur aus, wie man sagen könnte, aber Interesse an Bildern muß geweckt werden, und vielleicht ist derjenige, der jemanden verlocken will, ein Gemälde anzusehen (und eventuell gar besitzen zu wollen), gut beraten, wenn er dem Gehirn des Betrachters entgegenkommt. Man sollte ihm Strukturen zeigen, die er in seinem Denken wiederfinden kann, die also der Bewegung seines Denkens einen Halt anbieten, und vermutlich gelingt dies sowohl den Bildern, die wir von Cézanne kennen, als auch denen, die wir kubistisch nennen und bei Picasso zum ersten Mal in den Jahren finden, in denen Einstein eine erste Fassung der Relativitätstheorie vorlegt, nämlich die mit dem Beinamen »speziell«.

Als Picasso Gertrude Stein malte

Als Picasso Gertrude Stein malte, mußten ihm die Gedanken und Ideen gekommen sein, die er dann in den großformatigen *Demoiselles d'Avignon* ausgedrückt und sichtbar gemacht hat. Es ist vielfach beschrieben worden, wie sehr sich Picasso bei diesem Bild an Cézanne orientierte, dessen Werke nach seinem Tod in einer umfassenden Retrospektive in Paris gezeigt wurden. Besonders die zahlreichen Darstellungen von badenden Menschen, die mit nackten Körpern unter sich wölbenden Baumzweigen angeordnet waren – vornehmlich *Die Großen Badenden*, die zwischen 1898 und 1905 entstanden sind –, haben es Picasso offenbar angetan, der sich nun daran machte, seine Version einer Gruppe von Personen dieser Art zu malen. Die fünf ockerfarbenen Damen, die in der Endfassung zwar unbekleidet, aber nicht im Freien, sondern in einem geschlossenen Raum zu sehen sind, ordnen sich dabei um eine Fruchtschale, die zum einen an Cézannes berühmte Stilleben erinnert und deren kugelrunde Früchte zum zweiten wenigstens einen Rest von Natur an den Ort der Menschen bringen. Bei Picasso wird das von Menschen Gemachte, das konstruktive Element also, weiter getrieben als bei seinem Vorbild, und er erlaubt sich sogar die Freiheit, die verschiedenen räumlichen Standpunkte, die Cézanne in seinen Bildern zuläßt, um die zeitliche Dimension zu erweitern. Picasso stellt in einem Bild – in einer einzelnen Ansicht – nebeneinander dar, was jemand in Wirklichkeit von einer Person nur nacheinander sehen kann, wenn er um sein Objekt herumläuft.

Bildbeschreibungen dieser Art konnten übigens nicht erst gegeben werden, seit Picasso kubistisch malte. Sie gab es schon länger, etwa in einem Buch aus dem Jahre 1846, das berichtet, wie *Die Gestirne und die Weltgeschichte* zusammenhängen. Der zunächst anonym publizierte Band erschien dann 1923 mit dem Namen seines Autors – Felix Eberty – und einem Geleitwort von Einstein. In Ebertys Tagen – in der ersten Hälfte des 19. Jahrhunderts – war noch die Idee Alexander von Humboldts gegenwärtig, der seine Aufgabe als Wissenschaftler darin sah, ein Naturgemälde zu entwerfen. Ein Gemälde des Himmels müßte Raum und Zeit zugleich um- und erfassen, denn beim Blick in den Weltraum sehen wir zugleich in die Zeit, wie Humboldt in seinem *Kosmos* schrieb und wie den Schülern heute hoffentlich in der Schule erzählt wird. Wir sehen zum Beispiel die Sonne, wie sie vor etwa acht Minuten aussah, als das Licht, das uns jetzt erreicht, von ihr ausging. Und es könnte sogar sein, daß wir Sterne am Himmel sehen, die schon längst untergegangen sind.

Ein Himmelsgemälde ist daher ein merkwürdiges Ding, denn »das in der Zeit *nacheinander* folgende liegt hier räumlich gleichzeitig *nebeneinander*«, wobei die letzten Worte nicht von Humboldt, sondern dem Autor stammen, der *Die Gestirne und die Weltgeschichte* im Zusammenhang gesehen hat.[30]

Wir sehen auch bei Picassos *Les Demoiselles d'Avignon* in die Zeit, nur zeigt sie sich nicht an den Anfangsgründen der Welt, sondern an ihren Endprodukten, wenn man die Menschen so nennen darf, um die es im Bild (und im Titel) geht. Wir werden nicht mehr zu ihnen sagen und damit vielleicht das eigentliche Thema des Malens verpassen. Aber dieses Risiko bleibt allgemein unvermeidbar, wenn jemand es unternimmt, Kunst und Wissenschaft zu vergleichen. Solch ein Unterfangen startet stets mit einer Schieflage, weil wir von Inhalten reden, wenn es um Wissenschaft geht, während wir uns über Werke verständigen, wenn es um Kunst geht. Wer von Picasso spricht, hat eines seiner Werke (Bilder) vor Augen (Sehding). Wer von Einstein spricht, denkt über seine Einsichten nach (Denkding).

Es ist keine Frage, daß das Publikum sein Hauptaugenmerk bevorzugt auf Werke richtet und damit der Kunst näher steht als der Wissenschaft. Das Publikum kann ja ganz konkret und höchstpersönlich vor Kunstwerken stehen und sich daran erfreuen – im Museum. Wenn wir zwischen den beiden Sphären der Kultur geeignet pendeln und vermitteln wollen, müssen wir entweder die Werke der Forscher ansehen – was oft wenig erbaulich und kaum hilfreich ist – oder wir beschränken uns auf die Inhalte der Werke, und dann darf es an dieser Stelle nicht wichtig sein, ob ein kubistisches Bild ein Bordell oder eine Landschaft zeigt.

Nach dieser Abschweifung wenden wir uns mit der getroffenen Unterscheidung im Hinterkopf erneut Picassos Bild zu, das einen Innenraum zeigt, wobei man fast geneigt ist, das Räumliche zu vergessen. Die Körper der Damen füllen eine Fläche aus und mehr eigentlich nicht. Daß wir in ein Zimmer hineinsehen, kann man an dem Bild nicht erkennen. Man denkt sich die dritte Dimension, ohne auch nur den geringsten gemalten Hinweis auf sie zu bekommen. Picasso vermeidet jedes der Zeichen (»cue«), die bei Cézanne noch auftreten, da er seinen Figuren weiter die Körperlichkeit zugesteht und geben will, die sie naturgemäß in der Wirklichkeit haben.

Picasso stellt also Gleichzeitigkeit her, aber weniger räumlich und mehr geometrisch. Er überwindet die euklidische Geometrie, die ja keine Zeit kennt, indem er die vierte Dimension in sie hineinlegt. Picasso krümmt Euklid in der Zeit, während Einstein später Euklid im Raum verbiegt. Wer – wie Picasso – mehr den einzelnen Menschen als die ganze Welt im Auge hat, denkt mehr an die private Zeit als an den öffentlichen Raum. Und eigentlich zeigt uns *Les Demoiselles d'Avignon* nur die Zeit bzw. einen Weg, Zeit zu malen. Picasso tut dies für jede Person anders, und an dieser Stelle treffen sich Einstein und Picasso in den Jahren um 1905, denn wenn die spezielle Relativitätstheorie eine persönliche Einsicht bringt, dann besteht sie darin, daß jede Person ihre eigene Zeit hat.

Mit diesem Hinweis kann man das Wechselspiel zwischen Wissenschaft und Kunst noch weiterführen: Picasso kümmerte sich um verschiedene Zeiten an einem Ort –

dem des Bildes –, während Einstein eher mit dem Gegenteil beschäftigt war, nämlich mit einer Zeit an verschiedenen Orten. Sie kann es nicht geben, wie er nachwies, bevor Picasso *Les Demoiselles d'Avignon* abschloß, was die Frage aufwirft, ob es in Paris irgendwelche Kenntnisse von den wissenschaftlichen Gedanken gab, die in Bern gedacht wurden.

Die Antwort lautet eindeutig ja, und sie läßt sich an einer Person festmachen, dem französischen Mathematiker Jules Henri Poincaré (1854–1912), den man dazu allerdings fast dem Vergessen entreißen muß, obwohl er einmal berühmter als jeder andere Wissenschaftler war. Poincaré war noch zu Beginn des 20. Jahrhunderts so bekannt, wie es Einstein heute ist. Poincaré ist aber heute so unbekannt, wie Einstein es damals war, als beide an ein und demselben Problem herumlaborierten, das eher uninteressant klingt, wenn man es technisch formuliert. Es ging um die Frage, wie sich die Bewegungen von schnellen Teilchen in elektrischen und magnetischen Feldern beschreiben und in eine mathematische Form bringen lassen.

Beide kamen auch gleichzeitig – im gleichen Jahr 1905 – zu ihren Antworten, die beide auch etwa gleich ausfielen. Die Antwort heißt heute »Spezielle Relativitätstheorie«, und eine keineswegs einfache Aufgabe für die Wissenschaftsgeschichte besteht darin, uns zu erklären, warum wir inzwischen nur noch Einstein als ihren Schöpfer an- und Poincaré dabei fast völlig übersehen.

Uns interessiert etwas anderes, nämlich die Frage, ob Picasso etwas von Poincaré gewußt hat, der wie er in Paris lebte und nicht nur Fachartikel publizierte. In den frühen Jahren des 20. Jahrhunderts hat der französische Mathematiker mit allgemeinverständlichen Texten über *Wissenschaft und Hypothese* (1902) ein gebildetes Publikum über die Frage aufgeklärt, was die Physik vom kosmischen Himmel versteht. Poincaré hat als erster darauf hingewiesen, daß hinsichtlich der Beschreibung des Newtonschen Universums nicht nur die Geometrie schiefliegt. Auch mit der Berechenbarkeit der Welt war es nicht so weit her, wie Poincaré in *Die neuen Methoden der Himmelsmechanik* vorführte. Schließlich reichen die Newtonschen Gleichungen nicht einmal aus, um das Wechselspiel der Bewegungen auszurechnen, das unser Dreigestirn aus Sonne, Mond und Erde vollführt. Der Himmel ist nicht berechenbar, wie Poincaré kurz nach 1900 verkündete, und die Erde erst recht nicht. Seine pessimistisch klingenden Gedanken haben in der damals verbreiteten Fortschrittseuphorie wenig Beachtung gefunden, was aber nur zum Teil erklärt, warum ein anderer Gedanke so lange gebraucht hat, um sich herumzusprechen: Er erlangte seine Bedeutung erst vor wenigen Jahrzehnten unter dem Stichwort »Chaos«, das sehr populär wurde und den Tatbestand noch rätselhafter macht, warum Poincarés Ideen bis heute bei einigen Forschern und Philosophen immer noch nicht angekommen sind. Wie außer mit Ignoranz soll man sich sonst erklären, daß sich Hirnforscher schwungvoll und werbewirksam ernsthaft Sorgen über den sogenannten deterministischen Zugriff der Wissenschaft auf das Leben und Denken machen? Man produziert Angst vor einer Newtonschen Wissenschaft des Gehirns und übersieht, daß schon seit über 100 Jahren bekannt ist, wo die bestimmende und angeblich freiheitsberaubende Kraft der Gesetze aufhört. Diese Kraft richtet schon nichts mehr aus, wenn wir neben der Erde den Mond mit um die Sonne laufen lassen.

Poincaré öffnete uns den Blick für mögliche chaotische Zustände am Himmel, und es ist nachvollziehbar, wenn man in diesem Gedanken die Vorbereitung des Wechsels sieht, den Einstein für uns vollzog und der von absoluten zu relativen Größen führt, der also statt absoluter Sicherheit bestenfalls relative Gewißheit bringt. Poincarés Ideen waren in Paris bekannt, sie wurden von Intellektuellen diskutiert, und damit wird die Frage unvermeidlich, ob sie auch dort erörtert wurden, wo Picasso sich aufhielt.

»Wissenschaft und Hypothese«

Wenn man den Recherchen der Wissenschaftshistoriker glauben kann – was wir hier tun wollen –, dann lautet die Antwort ja, und sie hängt mit einer Person namens Maurice Princet zusammen. Princet arbeitete als Versicherungsmathematiker (Aktuar), verfolgte darüber hinaus die Entwicklungen der höheren Mathematik und gehörte zu der Gruppe von Leuten, die Picasso am Montmartre um sich geschart hatte und die in den Darstellungen des Kubismus als *la bande à Picasso* auftritt.[31] Es läßt sich nachweisen, daß Princet Bücher wie *Elementare Abhandlungen über eine vierdimensionale Geometrie* von Esprit Jouffret (1903) und natürlich auch Poincarés *Wissenschaft und Hypothese* kannte. Nach seinen Lektüren soll der Mathematiker Princet in Gegenwart der Künstler von Räumen mit einen beliebigen Zahl von Dimensionen gesprochen haben, wie sie seit den Tagen von Gauß und Riemann denkbar waren, und er soll bei den Malern großes Interesse für die neuen wissenschaftlichen Ansichten über den Raum und die damit sich ergebenden Möglichkeiten geweckt haben.

Poincarés *Wissenschaft und Hypothese* ist in der kleinen Männergruppe, die Einstein als Akademie Olympia in Bern ins Leben gerufen hatte, nicht nur gelesen, sondern sogar ausführlich erörtert worden. Tatsächlich könnte dieses Buch bzw. sein Inhalt ein gemeinsames Wissen darstellen, das sowohl bei Einstein als auch bei Picasso angekommen und auf fruchtbaren Boden gefallen war. In ihm äußert sich Poincaré auch über die Frage, »wie man sich eine Welt aus vier Dimensionen vorstellen kann«, und gibt folgende Antwort: »Die Bilder von äußeren Gegenständen werden auf die zwei Dimensionen der Netzhaut gemalt; dies sind *Perspektiven.* Doch da Augen und Gegenstände beweglich sind, sehen wir nacheinander verschiedene Perspektiven desselben Körpers von verschiedenen Standpunkten. Nun, auf dieselbe Weise, mit der wir die Perspektive einer dreidimensionalen Gestalt auf eine Leinwand aus zwei (oder drei) Dimensionen zeichnen, können wir die einer vierdimensionalen Figur von verschiedenen Standpunkten aus betrachtet zeichnen. Das ist für einen Geometer nur ein Spiel. Man stelle sich vor, daß die verschiedenen Perspektiven ein und desselben Objekts aufeinander folgen.«

Da ist es wieder, das Stichwort der vierten Dimension, das so aufregend wirkt und das Poincaré ebenso zu mildern versucht wie Einstein selbst. Auf das vierdimensionale Raumzeitkontinuum angesprochen, das unser Universum sein soll, hat Einstein erwidert, daß es mathematisch banal sei, solch eine Welt zu erfinden. Er verstand nicht, wie dabei jemals dunkle Gedanken an okkultes Wissen aufkommen konnten. Natürlich bleibt solch eine zusätzliche Ausdehnung geheimnisvoll, da sie sich nicht intuitiv zu erkennen gibt, aber Wundern hat dem Fortschritt der Wissenschaft noch nie geschadet.

Poincarés Schriften und Denken können tatsächlich eine nahezu direkte Verbindung zwischen Picasso und Einstein ergeben, und wenn man feststellt, daß *Les Demoiselles d'Avignon* die Zeit als vierte Dimension zeigen, daß sie dort also genau so erscheint, wie sie in Einsteins Gleichungen der Relativitätstheorie auftritt, dann kann das Gefühl aufkommen, man habe verstanden, was das Gemeinsame an den heroischen Taten der beiden etwa gleichaltrigen jungen Männer war. Doch macht es mehr Sinn, Poincaré eher als Vorgänger für Einstein und weniger als Vermittler zu Picasso zu sehen. Poincaré ist Einsteins Cézanne, auch wenn sich die beiden Wissenschaftler nicht gekannt und aufeinander bezogen haben. Und die Wirkung hat weniger mit dem Verständnis von Raum und mehr mit dem Umgang mit Zeit zu tun, wie nun erläutert werden soll.

Was heute problemlos geliefert wird, nämlich Weltuhren, die genau anzeigen, wieviel Uhr es in New York, London und Paris ist, und den Menschen erlauben, die Zeit an verschiedenen Orten auf dem Globus miteinander zu vergleichen, all das mußte um 1900 erst noch eingerichtet werden. Sowohl Einstein als auch Poincaré dachten sehr intensiv darüber nach, wie Zeitsignale koordiniert werden konnten.[32] Die so abstrakt wirkende Relativitätsmaschinerie, mit der Einsteins mathematisch geführte Gedanken die Zeit neu faßten, hat er in Wirklichkeit vielleicht aus einer konkreten Ansammlung von Uhren konstruiert, die es zu synchronisieren galt, und zwar weltweit. Mit diesem Verständnis von Zeit machte sich Einstein an die Analyse der Bewegung von geladenen Teilchen, wenn sie von elektrischen und magnetischen Feldern getrieben werden, und seine inzwischen berühmten Überlegungen *Zur Elektrodynamik bewegter Körper* legte er 1905 vor.

Im Jahr zuvor schon hatte Poincaré seine Lösung derselben Fragestellung vorgelegt, und auf den ersten Blick bringt Einstein nichts Neues. Beide Texte verwenden dasselbe Prinzip, das heute Relativitätsprinzip heißt und besagt, daß die Naturgesetze gleichermaßen für einen ruhenden und einen bewegten Beobachter gelten müssen. (Auf Picassos Bilder übertragen würde man sagen, daß er die gemalte Figur einem ruhenden Betrachter so zeigt, wie sie ein sich bewegender sieht.) Beide Texte erklären die vorliegenden experimentellen Daten gleich gut und machen identische Vorhersagen für künftige Messungen.

So gleich auch wirkt, was Einstein und Poincaré um 1905 vorlegen, es gibt doch einen markanten Unterschied, und der äußert sich in der Frage, die Poincaré stellte, als man ihm sagte, daß es da noch einen anderen Physiker gebe, der mit der Zeit ebensogut umgehen könne. »Welche Mechanik hat er benutzt?« wollte der französische Mathematiker sofort wissen, und damit gab er uns einen Einblick in sein Denken. Poincaré war immer noch der Ansicht, der Raum sei angefüllt mit einem mechanisch nachweisbaren Medium, in dem sich Lichtwellen bewegen können. Licht kann das ganze Weltall durchlaufen, was – nach Poincarés Denken – zeigt, daß sich überall ein Trägermedium dafür befinden muß. Jede Welle braucht eine solche Grundsubstanz – Wasserwellen brauchen Wasser, Schallwellen brauchen Luft, und Lichtwellen brauchen Äther. So nannte man das Gebilde des Lichts, das – nach Poincarés Denken – durch einen mechanischen Spannungszustand beschrieben werden kann, wie man es etwa von den Federn kennt, die eine Matratze elastisch machen und den auf ihr liegenden Körpern Schwingungen gestatten.

Das Wort »Äther« hat eine lange Geschichte, die in der Antike beginnt, als man mit ihm die Leere aus der Welt vertreiben wollte. Es gibt kein Nichts, überall ist Äther, jedenfalls überall da, wo das Licht hinreicht, und Poincaré dachte ebenso. Wenn er fragte, »Welche Mechanik hat er benutzt?«, dann wollte er wissen, mit welchen Federn und

Schräubchen Einstein den Äther ausstattete, um das Licht durch ihn und den Raum so laufen zu lassen, wie es die Physik kennt. Einstein hat aber nirgendwo Federn und Schräubchen eingebaut, weder in seine Theorie noch in den Kosmos. Bei ihm gibt es im Hintergrund keine Stoffe und Materialien, deren Mechanik (mechanisches Wirken) es zu verstehen gilt. Bei Einstein finden wir nur den Raum selbst. Er ist das aktive Prinzip – er und seine Geometrie, mit der er überhaupt erfaßbar wird.

Ein vergleichbarer Schritt trennt Picasso von Cézanne. Während bei den *Großen Badenden* und anderen Bildern Cézannes der Raum im Hintergrund unübersehbar bleibt – wie der Äther mit seiner Mechanik bei Poincaré –, findet sich bei Picassos *Les Demoiselles d'Avignon* nichts mehr davon. Der Raum rückt an die Menschen heran, er besteht aus den gleichen geometrischen Formen wie sie und wirkt durch sie. Sein Blau zeigt keine Ferne an, es drängt sich vielmehr zwischen den Personen hindurch nach vorn. Alles wie bei Einstein, nur daß es bei ihm nicht um menschliche Körper geht – das bleibt das Terrain der Kunst. Bei Einstein geht es um »bewegte Körper«, und sie verschmelzen mit dem Raum, dessen Geometrie ihre Dynamik bewirkt.

Rufen wir uns Einsteins berühmte Erklärung seiner Relativitätstheorie in Erinnerung: Sie lautet: »Früher hat man geglaubt, wenn alle Dinge aus der Welt verschwinden, so bleiben noch Raum und Zeit übrig. Nach der Relativitätstheorie verschwinden aber Zeit und Raum mit den Dingen.«

Dieser Satz besagt, daß die Dinge untrennbar eng mit dem Raum verwoben sind – so wie die Damen aus einem Bordell in Avignon in Picassos Gruppenbild. Wenn der Andalusier Einsteins Text von 1905 gekannt hätte, wäre es ihm vielleicht nicht unpassend erschienen, aus der *Elektrodynamik bewegter Körper* den Titel *Geometriedynamik sich bewegender Körper* zu formen. Aber natürlich will und muß Kunst anders klingen als Wissenschaft. Einstein hätte seine Relativitätsarbeit ja auch nicht unter der Überschrift *Körper im Licht* publizieren können, obwohl sie genau davon handelt.

4 Nach den Wunderjahren

Neue Arten von Schönheit

Es gehört fast zur Definition von Geniestreichen oder Wunderwerken, daß sie dem Außenstehenden jeder Couleur – ob Kritiker, Kollege oder einfach nur allgemeiner Rezipient von Kunst oder Wissenschaft – zunächst fremd erscheinen und abgelehnt werden. Auf Picassos *Demoiselles* wurde vielfach entweder mit Schweigen oder mit Schrecken reagiert, und es dauerte fast ein Jahrzehnt, bevor das große Bild ausgestellt wurde. Bis 1916 konnte es nur in Picassos Atelier auf dem Montmartre – dem Bateau Lavoir, wie es hieß – betrachtet werden, wo es sogar Georges Braque nicht als Meisterwerk auffiel und wahrscheinlich sogar mißfiel. Verkauft werden konnten die *Demoiselles* natürlich auch nicht, wobei noch anzumerken ist, daß sie ihren heute gebräuchlichen Namen erst in den 1920er Jahren bekommen haben.

Mit Braque ist ein zweiter Vertreter des kubistischen Malens nach Cézannes Tod genannt, der in den Jahren nach 1906 mehrere Bilder in dem neuen Stil angefertigt hat, die kaum von den Werken zu unterscheiden sind, die Picasso signiert hat. Im Jahre 1911 etwa schließt Braque die Arbeit an seinem *Mann mit Gitarre* (Abb. 11a) ab, und man muß sicher lange suchen, bis man jemanden findet, der die im gleichen Jahr gemalte *Akkordeonspielerin* (Abb. 11 b) Picasso zuordnet, ohne dazu den Namenszug unten links im Bild zu Hilfe nehmen zu müssen.[33] Natürlich kann der Fachmann die Dicke des Farbauftrags und die Zahl der überlappenden Flächen vergleichen, aber klar ist auch, daß beide ein Spiel mit diagonalen Linien, Kreisen und Dreiecken treiben, das vor einem rechtwinkligen Raster aufgeführt wird. Wer genau hinsieht, wird die Zeichen für die jeweils genannten Instrumente finden – das Griffbrett der Gitarre oder die Bälge des Akkordeons –, aber wir dürfen uns darüber wundern (und freuen), daß zwei Künstler sich synchron in die gleiche Richtung bewegten und mit dem gleichen Zeichenarsenal versuchten, »eine neue Art von Schönheit zu schaffen«, wie es Georges Braque einmal gesagt hat, und er meinte »die Schönheit, die sich mir als Volumen, Linie, Masse, Gewicht zeigt«[34]. Zu dem synchronen Wunder und unserem Wundern gehört natürlich der Wunsch, eine Erklärung zu finden, die dann ein weiteres Wunder wäre. Wir werden sie gegen Ende des Textes versuchen und dabei den Vorgang zu Hilfe nehmen, der am Anfang steht, das Sehen nämlich.

Es wird auffallen, daß die vier von Braque genannten Begriffe alle in der theoretischen Physik von Bedeutung sind, also der Wissenschaft, die Einstein in den hier verhandelten Jahren maßgeblich mithalf, auf die Beine zu stellen. Und es darf erwähnt werden, daß die Allgemeine Theorie der Relativität, mit deren Entwicklung sich Einstein abmühte, als die beiden obenerwähnten kubistischen Bilder entstanden sind, und die ihm öffentlichen Ruhm und fachliche Verehrung einbrachte, die Kollegen vor allem durch die Qualität beeindruckte, die auch sie Schönheit nannten. Tatsächlich hat der britische Physiker Paul

Dirac Einsteins Bemühen, seine kosmische Physik des Jahres 1905 zu einer Theorie der Schwerkraft im ganzen Universum zu erweitern, durch diesen Aspekt charakterisiert: »Als Einstein daran arbeitete, seine Theorie der Gravitation zu konstruieren, da versuchte er nicht, irgendwelchen Beobachtungsergebnissen Rechnung zu tragen. Nichts könnte weiter von der Wahrheit entfernt sein. Sein Verfahren bestand ausschließlich darin, nach einer schönen Theorie zu suchen.«[35]

Eine schöne Theorie sieht natürlich anders aus als ein schönes Bild, und zwar vor allem für den fachfremden Laien. Und doch können in unserem Fall grundsätzliche Übereinstimmungen aufgezeigt werden, nämlich die Versuche in beiden Lagern, das komplexe Aussehen der Wirklichkeit auf erstens einsichtig einfache und zweitens übersichtlich wenige Grundelemente zurückzuführen, die drittens elementaren geometrischen Charakter haben. Die Kubisten Picasso und Braque und die Physiker Einstein und Poincaré arbeiteten aufgrund derselben Überzeugung, die besagt, daß die Reduktion des Realen nicht nur möglich und sinnvoll ist, sondern sogar schöne Ergebnisse liefern kann, wobei sich in beiden Fällen die Schönheit nicht unmittelbar als einsichtig erweist, sondern ihr Erkennen gelernt werden muß und kann.

Wer jetzt fragt, woher solch eine durchgehende Einstellung kommen kann, die ihren Vertretern eine Art traumwandlerische Sicherheit mit auf den Weg gibt, kann die Antwort durch einen Blick zurück in jene Epoche finden, deren Verständnis von Schönheit schon angesprochen wurde. Es geht um die Epoche, in der sowohl die Nachtseite der Malerei als auch die der Wissenschaft entdeckt wurde. Gemeint ist die Romantik. Seit dieser Denkbewegung findet sich zum einen in zahlreichen Kunsttheorien

Abb. 11a, b MANN MIT GITARRE UND AKKORDEON-SPIELERIN
Während Einstein allein vor sich hinbrütete und nur widerwillig Ratschläge von mathematisch versierten Freunden annahm, arbeitete Picasso ab Mitte 1911 so eng mit Braque zusammen, daß sie zeitweise sogar darauf verzichteten, ihre Bilder zu signieren. Dabei sind tatsächlich oft kaum zu unterscheidende Bilder

entstanden, die deutliche Diagonalen und dominierende Dreiecke vor einem schwach merklichen Raster aus Rechtecken zeigen. Der *Mann mit Gitarre* von Braque mißt rund 116 mal 80 cm, und die *Akkordeonspielerin* von Picasso mißt rund 130 mal 90 cm. Beide Bilder sind heute in New York zu sehen.

der Gedanke wieder, daß es eine unsichtbare Wirklichkeit hinter oder neben ihrer sichtbaren alltäglichen Form gibt, und daß in dieser anderen Wirklichkeit die Schönheit verborgen liegt, die wir suchen (wobei jetzt schon deutlich gemacht werden soll, daß die von Einstein aktivierte Quantenphysik der Atome genau das für die Wissenschaft erreicht). Mit der romantischen Denkbewegung ist aber auch der Gedanke aufgekommen, daß die Natur nicht nur etwas ist, das Menschen hervorbringt. Sie ist vielmehr auch etwas, das Menschen hervorbringen und dem sie eine Form geben. Und zu Beginn des 20. Jahrhunderts setzten einige von ihnen dieses Versprechen in die künstlerische und wissenschaftliche Tat um, und ein paar wurden dabei immer mutiger – vor allem eben das Paar Picasso und Einstein.

Die romantische Grundidee entstand vor der großen Umwälzung des gesellschaftlichen und politischen Lebens, die in den Geschichtsbüchern als industrielle Revolution bezeichnet wird. Mit dieser Entwicklung nahm bekanntlich der Wohlstand der europäischen Nationen zu, wobei zu beklagen war, daß nicht alle Menschen gleichmäßig daran teilhatten. Mit dieser Entwicklung verändert sich aber auch das Umfeld, in dem die Menschen agierten. Es war immer weniger die Natur, von der sie umgeben waren. Sie hielten sich immer mehr in Fabrikhallen oder in anderen geschlossenen Räumen auf. Es entstand eine zweite Natur, die von Menschen gemachte, und sie entstand zu Beginn des 20. Jahrhunderts schließlich auch im kubistischen Bild und in der modernen Physik.

Konkret schrieb Einstein, daß seine und andere physikalische Theorien freie Erfindungen des menschlichen Geistes sind, und die Erforschung der Atome kam genau in dem Moment voran, als sich die Einsicht durchsetzte und ernst genommen wurde, daß die Bahnen von Elektronen in einem Atom erst dadurch entstehen, daß wir sie beobachten und beschreiben. Zwar meinten die Forscher, bei ihrem Weg in das Innerste der Welt sämtliche Spuren menschlichen Wirkens hinter sich zu lassen, aber das Gegenteil war der Fall. Ganz zuletzt begegneten sie sich selbst, wie es vor allem deutlich in den Texten ausgedrückt wird, die Werner Heisenberg (1901–1976) geschrieben hat. Heisenberg hat in den 1920er Jahren Einsteins Grundgedanken – gegen den Willen ihres Urhebers – konsequent weitergeführt und bis zu einem Punkt gebracht, der Einstein bis zum Ende seines Lebens fremd geblieben ist.

Auch die Maler, die nach Picasso kamen und die Möglichkeiten nutzten, die der Kubismus ihnen verschafft hatte, brachten Werke hervor, mit denen sich ihr Wegbereiter nicht anfreunden konnte. Statt sich weiter in Richtung immer stärker abstrakt werdender Bilder zu bewegen, kehrte Picasso etwa in den Jahren des Ersten Weltkriegs um: Er fertigte Zeichnungen an, die Kunsthistoriker mit dem Etikett »klassizistisch« versehen, ein Begriff, der auch auf Einsteins physikalische Bemühungen nach seinem großen Triumph von 1915 angewendet werden könnte.

Vor dem durch den Krieg vollzogenen katastrophalen Einschnitt in der Zeit hat Picasso im Kubismus selbst noch einen Stilwandel vollzogen, der durch die Attribute analytisch und synthetisch markiert wird. Die synthetische Ausprägung des neuen Malens führt die Collage als Kunsttechnik ein, wobei das Fachwort sich von dem französischen Ausdruck »papier collé« ableitet, was »Klebebild« heißt. Im Jahre 1912 klebte Picasso zum ersten Mal ein Stück Wachstuch mit einem Rohrgeflecht auf ein kubistisch angelegtes Bild, das auf diese Weise mit einem industriell gefertigten Muster versehen wurde.

Eine Collage und die Entscheidung für diese Technik kann auf viele Weisen gedeutet werden. Hier interessiert der schlichte, aber unübersehbare Aspekt, daß sich mit dem aufgeklebten Tuch ein realer Gegenstand im Kunstwerk befindet. Picasso rückt bei dem, was er macht, ebensowenig vom Gegenstand (Objekt) ab wie Einstein bei dem, was er sich vornimmt. Einsteins Theorien schwingen sich vielleicht in abstrakte Regionen von Beziehungen auf. Sie handeln aber ständig von Eigenschaften, die man konkreten Gegenständen zuordnen kann – von Geschwindigkeiten, von Gewichten, von Radien, von Weglängen und von vielen anderen Größen, die unmittelbar einleuchten. Einstein hält bis zuletzt daran fest. In den (mathematischen) Formeln und (sprachlichen) Formulierungen, mit denen er die Natur beschreibt und darstellt, tauchen wirkliche Dinge auf, was in der Physik nach ihm nicht mehr der Fall ist. Seine Wissenschaft bekommt ziemlich genau in der Mitte der 1920er Jahre eine merkwürdige Ausprägung, die mehr Imaginäres als Reales enthält, was es für den Autor zu verlockend macht, auf die erste Ausstellung der Surrealisten hinzuweisen, die 1925 in Paris stattfindet und an der sich Picasso beteiligt.

Er ist dabei nur eine Nebenfigur. Hauptakteure sind andere Künstler wie André Breton, der im Jahr zuvor ein surrealistisches Manifest verfaßt hat. Wer über diese neuartige Kunstform spricht, muß Begriffe wie Unbewußtes, Träume und Zufälligkeiten verwenden, und mit deren Hilfe kommt man leicht zurück in die imaginäre Dimension, die im selben kurzen Zeitraum der Physik hinzugefügt wird (und mit der sich Einstein nie anfreunden kann).

Vermutlich kann man die Quantenmechanik und den Surrealismus als ähnliches Wechselspiel verstehen, wie es bei der Relativität und dem Kubismus der Fall ist – wobei nirgendwo behauptet wird, das eine sei die Illustration des anderen oder das andere sei die Konsequenz des einen. Die kreativen Menschen dieser Zeit treffen nicht nur auf das Unbewußte und Geträumte, sie begegnen auch dem Irrealen und Imaginären. Wir sollten versuchen, beide Entwicklungen gemeinsam ins Auge zu fassen, um dem äußeren Zufall einen inneren Sinn zu geben, mit dem wir etwas verstehen können.

Übrigens – wenn wir dem dualen Prinzip vertrauen, würden wir trotz des dramatischen Übergewichts des Imaginären und Surrealen in den betrachteten Entwicklungen erwarten, daß sich auch höchst reale Tendenzen in der Kultur der Zeit zwischen Einsteins Wunderjahr und Picassos Wendung zum Klassizismus zeigen sollten, und dies ist bekanntlich massiv der Fall. Die Stichworte heißen in der Philosophie »Wiener Kreis« und in der Architektur »Bauhaus«, deren Vertreter sich höchst sachlich geben und vor allem das empirisch Wahre und das handwerklich Klare betonen. Von Wissenschaftshistorikern ist darauf hingewiesen worden, daß »das Bauhaus dem Wiener Kreis ein Image von Progressivität gab, während die Philosophen dem Bauhaus eine Aura der Wissenschaftlichkeit verliehen haben«[36]. Doch wer diesen Zusammenhang mit den Worten kommentiert, »Das ist wahr. Mehr aber auch nicht«, verpaßt die Möglichkeit, die jeweiligen Entwicklungen der Kultur durch ihre Übereinstimmungen zu vermitteln. Wenn einer der bekanntesten Vertreter des Wiener Kreises, Rudolf Carnap, im Vorwort seines Hauptwerks *Der logische Aufbau der Welt* schreibt, »Wir spüren eine innere Verwandtschaft der Haltung, die unserer philosophischen Arbeit zugrunde liegt, mit der geistigen Haltung, die sich gegenwärtig auf ganz anderen Lebensgebieten auswirkt; wir spüren diese Haltung in Strömungen der Kunst, besonders der Architektur, und in den Bewegungen, die sich um eine sinnvolle Gestaltung des menschlichen Lebens bemühen,« dann stellt sich damit die Aufgabe, die Quelle zu finden, aus der die innere Verwandtschaft resultiert. Vielleicht kann es mit ihrer Hilfe gelingen, das Gemeinsame für mehr Menschen spürbar zu machen. Was will denn das Bemühen um ein öffentliches Verstehen von Wissenschaft anderes bewirken?

Weitergehende Lebensläufe

Als Picasso den obenerwähnten Schritt zur Collage vollzog, arbeitete er eng mit Braque zusammen, wobei beide den eben benutzten Ausdruck wörtlich nahmen und in blauen Mechanikeroveralls auftraten. Die beiden Künstler »spielten Arbeiter«, wie es der Galerist Henri Kahnweiler ausdrückte, zu dem sie gingen, um sich regelmäßige finanzielle Zuwendungen abzuholen. Braque hatte angefangen, durch Schablonenschriften und den Rückgriff auf Holzmaserungen den handwerklichen Hintergrund von Kunst und Gesellschaft in seine Bilder aufzunehmen. Mit der Collage, die dabei zuletzt entstand, kamen Gegenstände ins Bild, die nicht nur Zeugnis von der Natur, sondern auch von menschlichen Eingriffen in sie – von der Arbeit der Gesellschaft – ablegten, und Biographen wissen zu berichten, daß Picasso damals »von einer kollektiven Kunst geträumt hat, innerhalb derer der einzelne nur noch an einem großen gemeinsamen Werk mitwirkt«[37].

Konkret bedeutete dies, daß die Bilder nicht (oder erst

später) signiert wurden, weil doch viele zu ihnen beigetragen haben. Kunst entstand jetzt in der engen Zusammenarbeit von vielen, und damit nahm sie erneut etwas vorweg, was sich wenige Jahre später in der Wissenschaft vollzog, und zwar in Kopenhagen. Als Picasso in Paris mit Braque zum synthetischen Kubismus fand, errichtete der dänische Physiker Niels Bohr (1885–1962) in der Hauptstadt seines Vaterlandes ein »Institut für Theoretische Physik«, wo in den 1920er und 1930er Jahren die grundlegend neue Atomphysik ihre endgültige Form bekam. Zu den Mitwirkenden an dieser goldenen Epoche der Physik gehörte zuletzt Carl Friedrich von Weizsäcker, der bei seinen Besuchen in Kopenhagen den Vorschlag machte, alle Ergebnisse des dort vollzogenen Nachdenkens nicht unter individuellen Namen, sondern mit dem Hinweis zu publizieren: »Aus dem Institut für Theoretische Physik in Kopenhagen.« Es war ein kollektives Fortschreiten, das die Physik damals erlebte, wobei das Gelingen dieses sozialen Experiments davon abhing, daß es mit Niels Bohr eine zentrale Figur gab, um die sich die anderen scharten.

Zu den dramatisch unbekannten Ereignissen in der westlichen Kultur gehören die Dialoge, die Einstein und Bohr über die Bedeutung der neuen Physik und ihre Konsequenzen für den Umgang mit Gott im Lichte solcher Erkenntnisse geführt haben. Worüber künftige Generationen uns so beneiden werden wie wir die Griechen um Sokrates und seine von Platon angeführten Gesprächpartner, nimmt die Gegenwart nicht nur kaum, sondern überhaupt nicht zur Kenntnis. Die beiden größten Denker der westlichen Welt sprechen miteinander, und keiner geht hin und hört zu. Wir lauschen lieber irgendwelchen negativen Dialektiken oder anderem sozialtheoretischem Gemurmel und lassen die Wissenschaftler unter sich.

Zu den spannenden Aspekten des Bohr-Einstein-Dialogs gehört die Tatsache, daß sich die beiden fundamental sowohl im Denken als auch im Handeln unterschieden haben. Beim Handeln ist die Andersartigkeit Einsteins sofort einsichtig, der niemals auf den Gedanken gekommen wäre, ein Institut zu gründen oder Konferenzen zu veranstalten, um seine Probleme öffentlich zu erörtern. Einstein grübelte lieber in der Einsamkeit und Freiheit, die als Ideal der romantischen Universitätsreform von Wilhelm von Humboldt den Professoren zugestanden werden sollte (die heutige Vertreter aber kaum aushalten). Sein isoliertes Grübeln war menschlich höchst verständlich, sieht aber wissenschaftlich eher wie ein Fehler aus. Seine Allgemeine Relativitätstheorie hätte Einstein nämlich rascher finden können, wenn er die Mathematiker, mit denen er befreundet war, früher um Rat gefragt hätte. So mußte er sich in den Jahren bis 1915 allein plagen, und geplagt hat er sich tatsächlich. Die Briefe aus den Tagen vor dem entscheidenden Fortschritt sind voll von Hinweisen in diese Richtung. »Ich habe mich noch nicht annähernd so geplagt«, es ist ein »unbeschreiblich mühseliges Suchen«, »ich habe noch nie so angestrengt gearbeitet«, »ich habe mich dem Gravitationsproblem mit geradezu übermenschlichen Anstrengungen gewidmet«. So und ähnlich läßt sich Einstein in den Jahren vor dem Ersten Weltkrieg vernehmen, um sich am Ende zu wundern, »Unbegreiflich, daß ich solange tasten mußte, bevor ich das Nächstliegende fand.«[38]

Und was ist dieses Nächstliegende? Es ist die Idee, daß es keine bevorzugten Koordinaten gibt, da wir alles Wissen als Bewohner eines Planeten erwerben, der sich pausenlos und vielfach dreht und dabei zu einem Sonnensystem gehört, das ebenfalls auf vielfältige Weise umherschlingert, und zwar als Teil einer Galaxie, die auch keinesfalls in Ruhe an ihrem kosmischen Platz verharrt. Wie soll es da – realistisch statt idealistisch gesehen – bevorzugte Koordinaten geben?

Wenn man nun diesen naheliegenden Gedanken in den Bereich der Kunst überträgt, kann es keine bevorzugte Perspektive geben. Und mit diesen Vorgaben können in der Physik alle willkürlichen Annahmen aus der Theorie herausgehalten und in der Malerei alle willkürlichen Linien und Farben vermieden werden – so schwer es unserer Gewohnheit auch fällt, dies anzunehmen und durchzuhalten.

Das Problem, das Einstein löste, hätte jeder Kollege vor ihm für völlig unzugänglich erklärt. Tatsächlich hat sogar Max Planck, der sonst eher als Förderer von Einstein bekannt ist, an dieser Stelle die Ansicht vertreten, daß da jemand über das Ziel hinausschießt. Aber da irrte sich der große Mann, denn Einsteins Theorie traf ganz genau ins Schwarze, was bedeutet, daß er plötzlich in der Lage war, die Welt als Ganzes zu verstehen. Als am Ende des Ersten Weltkriegs offiziell verkündet wurde, daß dies wirklich der Fall ist, daß es jemanden gibt, der in einer zerfallenden und zerstrittenen Welt den Blick auf ein intaktes Ganzes gefunden hat, wurde Einstein der Star, der er bis heute geblieben ist.

Umworben wurde er dabei vor allem von den USA, und als in den sogenannten goldenen zwanziger Jahren nicht nur die Kultur in Deutschland aufblühte, sondern auch der Antisemitismus neue Triebe entwickelte, fiel es Einstein leicht, seinem Vaterland nach der nationalsozialistischen Machtergreifung den Rücken zu kehren. Er nahm ein Angebot des Institute for Advanced Study in Princeton (New Jersey) an und verbrachte hier den Rest seines Lebens, das

1955 zu Ende ging. Die amerikanischen Jahre waren wissenschaftlich weder so aufregend noch so produktiv wie die europäischen davor, und in Erinnerung blieb der Welt vor allem seine 1939 an den Präsidenten der USA gerichtete Empfehlung, die im Jahr zuvor entdeckte Möglichkeit, Atomkerne zu spalten, ernst zu nehmen. Einstein wies darauf hin, daß die bei der Kernteilung freiwerdende Energie in einer Kettenreaktion waffenfähig gemacht werden kann, und er empfahl, den Deutschen zuvorzukommen. Als Konsequenz starteten die Amerikaner das legendäre Manhattan-Projekt, das in dem Sinne erfolgreich abgeschlossen werden konnte, daß es an seinem Ende eine einsatzfähige Atombombe gab.

Das Thema Krieg erlaubt den Übergang zu Picasso, und wir gestatten uns die Behauptung, daß sein wichtigstes und bekanntestes Werk nach den frühen Gemälden den Namen der baskischen Stadt Guernica trägt, die im April 1937 von deutschen Flugzeugen angegriffen und mit Brandbomben in einen »gewaltigen Feuerofen« verwandelt wurde, wie es in Berichten von Augenzeugen heißt. Die Zerstörung sollte den Diktator Franco in dem Bürgerkrieg unterstützen, der damals in Spanien tobte. Bereits unter dem Eindruck der ersten Meldungen entwarf Picasso sein *Guernica*, das in den Farben der Nacht gehalten ist und viele kubistische Strukturen aufscheinen läßt.

In dem Jahr, in dem Einstein dem amerikanischen Präsidenten schreibt, findet in New York die erste große Picasso-Ausstellung statt. Am Ende des Zweiten Weltkriegs stellt Picasso ein Drama vor – *Wie man Wünsche beim Schwanz packt* – und er wird Mitglied der Kommunistischen Partei Frankreichs. Künstlerisch beginnt er mit keramischen Arbeiten, er entwirft das Plakat mit der Friedenstaube für den Pariser Weltfriedenskongreß von 1949 und wird immer berühmter. Anfang der 1960er Jahre läßt er sich in Mougins in der Nähe von Cannes nieder, und 1971, zwei Jahre, bevor er dort stirbt, erfährt er seinen letzten, größten Triumph: die Ehre einer eigenen Ausstellung im Pariser Louvre, etwas, das bis dahin noch keinem Maler zu Lebzeiten gewährt wurde.

5 Revolution mit Wirkung

Die Sprünge der Natur

Wenn von der neuen Wissenschaft des 20. Jahrhunderts und Einsteins Beiträgen die Rede ist, müssen seine relativistisch angelegten und dann kosmisch erweiterten Überlegungen von denen getrennt werden, die mehr oder weniger in die Gegenrichtung gelaufen sind. Einstein hat sich 1905 nämlich nicht nur dem größten, sondern auch dem kleinsten Gebilde zugewandt, das die Physik und die Menschen kennen. Gemeint sind damit nicht die Atome, obwohl er nebenbei deren Existenz beweist und dabei zusätzlich ein Verfahren angibt, mit dem ihre Anzahl etwa in einem Wasserglas höchst genau zu bestimmen ist. Gemeint sind vielmehr die sogenannten Quanten, die elementaren Gegebenheiten der Materie nur sprunghafte Änderungen gestatten, wie sich vor allem zeigt, wenn dabei Licht ins Spiel kommt. Diese Quantensprünge zeigen ihren Einfluß besonders spürbar in der atomaren Dimension des Wirklichen, wobei das letzte Wort deshalb gut paßt, weil die Größe von Quanten wissenschaftlich korrekt als Wirkung gemessen wird. »Wirkung« berechnet ein Physiker als Produkt aus Energie und Zeit, was salopp so in die Sprache des Alltags übersetzt werden kann: Wer nur lange genug seine Energie einsetzt, wird die Wirkung erzielen, die er sich wünscht.

Quanten bestehen also aus Wirkung, und die zeigen sie auch, und zwar höchst real vor allem dadurch, daß sie Atomen nur erlauben, ihren Zustand durch einen Quantensprung zu ändern. Ihnen nützt alle Zeit der Welt nichts, wenn dazu die Energie fehlt. Solange sie die nicht (von außen) geliefert bekommen, bleibt das Atom (im Inneren) stabil und mit ihm die ganze Materie. Daß es uns gibt, verdanken wir einer Wirkung der Quanten bzw. dem Quantum der Wirkung, wie man auch umgekehrt formulieren kann. Atomphysik ist Quantenphysik, wie man heute ganz selbstverständlich sagt, wie man aber noch nicht einmal geahnt hat, als die Idee der Unstetigkeit, die in den Quantensprüngen steckt, in die Wissenschaft von der Natur eingeführt wurde. Dies geht auf das Jahr 1900 und die Person von Max Planck zurück. Der große Physiker kümmerte sich damals um die einfach klingende Frage, wie sich die Farben erklären lassen, die entstehen, wenn ein Metall immer stärker erhitzt wird. Wie kommen erst das rote, dann das gelbe und zuletzt das weiße Leuchten zustande? Was bestimmt die Wellenlänge des Lichts und die Energie der Strahlung?

Planck vertraute seinen Vorgängern im 19. Jahrhundert, die ihm gesagt hatten, hier zeige sich ein fundamentales Gesetz der Natur, denn bei allen erprobten Materialien, die man erst erhitzte und dann zum Schmelzen brachte, zeigte sich dasselbe Farbenspiel in derselben Abhängigkeit. Natürlich hatten zahlreiche Physiker vor Planck sich daran versucht, ein allgemeines Strahlungsgesetz zu formulieren. Aber entweder stimmte das Ergebnis am Anfang – bei den kleinen Energien von rotem Licht – oder es stimmte am Schluß – bei den hohen Energien von blauem und ultraviolettem Licht. Nur in der Mitte riß der Faden des Verstehens dauernd und unbarmherzig ab.

Zu seiner Überraschung konnte Planck in dem Augenblick beide Enden verbinden, als er einen mathematischen Trick einführte. Sein Kniff bestand darin, für die Energie des Lichtes nur diskrete Werte zuzulassen – so, als ob man es nur ein- oder ausschalten könnte und keine Zwischenstufen möglich wären.

Damit unternahm Planck nichts Besonderes. Solch ein Vorgehen gehörte und gehört zum Standardrepertoire der Mathematiker. Wenn ihnen eine verschlungene Linie zu kompliziert ist, deren Länge sie berechnen wollen, nähern sie sich ihrem Ziel, indem sie kleine gerade Stückchen um die Kurve legen wie eine Schiene um einen gebrochenen Finger. Die Idee dieser Annäherung besteht darin, die Länge der Stückchen immer kleiner werden und irgendwann verschwinden zu lassen. Wenn dies in geeigneter Weise passiert, kann man erst die Summe der geraden Einzellängen und zuletzt die der verschlungenen Kurve berechnen.

So gedachte auch Planck vorzugehen, der die Energiesprünge nur einführte, um sie wieder abzuschaffen – aber da spielte die Natur nicht mit. Nur wenn die Energie dem Licht päckchenweise mit auf den Weg gegeben wird, kommt das Strahlungsgesetz richtig heraus, dessen Verlauf von Berliner Professoren noch einmal ganz genau nachgeprüft wurde, als Planck daran arbeitete. Als die Theorie das Ergebnis der Messungen ganz genau vorhersagen konnte, hatte Planck dieses Ziel immerhin erreicht. Man schrieb damals das Jahr 1900, das seitdem als Geburtsjahr der Quantenphysik betrachtet wird.

So ganz stimmt diese historische Zuweisung nicht, denn zunächst befanden sich die Quanten noch außerhalb der Physik. Für Planck waren sie bloß eine Art mathematischer Rechenknecht, der nach getaner Arbeit zu verschwinden hatte, und diese Lage änderte sich erst im Wunderjahr 1905, und zwar durch Einstein, wie jetzt nicht anders zu erwarten ist. Er machte sich nicht nur über die Zeit in elektrischen und magnetischen Feldern und an anderen Orten Gedanken. Er versuchte auch zu verstehen, wie es dem Licht, das auf einen elektrischen Leiter trifft, dort gelingt, den Strom zu beeinflussen. Alle Welt war damals sicher, daß die Intensität des Lichts Auskunft über die Energie geben könne, die von ihm auf das Metall übertragen wird. Doch gab es Messungen, die zeigten, daß die Energie des Lichts von seiner Frequenz abhing. Das heißt, blaues Licht mit einer hohen Frequenz führte mehr Energie mit sich als rotes Licht mit einer kleinen Frequenz, was nicht nur für Physiker, sondern auch für Laien schwer zu verstehen ist. Schließlich halten wir Blau intuitiv für kühl und fern, und bei Rot denken wir gern an Wärme und Nähe – was im übrigen die Malerei spätestens seit den Tagen von Leonardo da Vinci nutzt.

Bei Einstein kam es umgekehrt heraus, was ihm aber die geringsten Sorgen machte. Schlimmer war, daß er seine Gleichsetzung von Energiemenge und Frequenz nur dann sauber und korrekt in die Physik einführen konnte, wenn er Plancks Quanten aus ihrem mathematischen Gefängnis befreite und sie in die Freiheit der physikalischen Wirklichkeit entließ. Einstein zeigte 1905, daß es die Quanten beim Licht tatsächlich gibt, und er hielt diesen – und nur diesen – seiner damaligen umwerfenden Gedanken für

»sehr revolutionär«, wie er in einem Brief an seinen Freund Conrad Habicht schrieb.

Wer wissenschaftshistorisch korrekt berichten will, muß dabei folgendes beachten: Den Mut zu dem Vorschlag, Licht als Ansammlung von Teilchen zu sehen, bekam Einstein, als sich bei seinen Berechnungen herausstellte, daß ein Behälter voll Gas und ein Behälter voll Strahlung statistisch gleich behandelt werden konnten. Beide mußten demnach aus abzählbaren Einheiten (Teilchen) bestehen – das Gas aus seinen Molekülen und Atomen und das Licht aus seinen Lichtquanten, die heute Photonen heißen. Ein wesentlicher Aspekt dieses Gedankens besteht darin, daß Einstein ein statistisches Argument nutzte, um daraus auf eine Existenz – die von Lichtteilchen – schließen zu können. Der Wahrscheinlichkeitsgedanke war ihm sehr wichtig, und er wandte ihn noch mehrfach in seinen Beiträgen zur Physik an, ohne ihn aber zu Ende zu denken, wie es seine Nachfolger taten. Sie fanden heraus – nicht unbedingt zu ihrer Freude –, daß die Welt im Innersten voller Zufälligkeiten steckt, die sich als primäre Wahrscheinlichkeiten merkwürdig gut berechnen lassen. Man kann auch sagen, im Innersten besteht die Welt – nach der Kenntnis der Physiker – aus Möglichkeiten, also nicht aus Wirklichkeiten. Die müssen sich erst noch formen (wie noch zur Sprache kommt).

Diese Entwicklung konnte man 1905 weder ahnen noch befürchten, was Einsteins statistisches Argument so revolutionär machte, wie er es nannte. Der Begriff »revolutionär« ist inzwischen – hundert Jahre nach Einstein – ein wenig verkommen. Fast täglich melden uns Zeitungen Revolutionen irgendwelcher Art und verwenden das Wort selbst in banalen Fällen. So ist etwa von der Revolution der Happy Hour in Shanghai zu lesen, wenn der Verkauf billiger Cocktails um eine Stunde verlängert wird. Diese verbale Inflation läßt uns leicht überlesen, was Einstein mit seinem Gebrauch von »revolutionär« ausdrücken wollte. Er wollte auf die Tatsache hinweisen, daß er mit diesem Gedanken ein bis dahin solide dastehendes Gebäude fast vollständig zum Einsturz gebracht und ihm jeden Boden entzogen hatte. Seine Bastille war nichts weniger als die Klassische Physik, die im 19. Jahrhundert als eine ihrer Gewißheiten erkundet und verkündet hatte, daß Licht eine Welle ist. Tatsächlich gab man seine Eigenschaften in Wellenlängen und Frequenzen an, und mit diesen Parametern konnte man all seine schönen Effekte wie die Farben des Regenbogens und seine Polarisation bequem und genau erklären. Es gab keinen Bedarf an einer besseren Theorie, bis Einstein sie lieferte und die alte Welle in ihre Schranken verwies – und zwar mit statistischen Gesetzen.

Das Dilemma rührte daher, daß eine Welle ihre Energie durchgängig (kontinuierlich) und nicht sprunghaft (diskret) abliefert. Eine Welle konnte nicht aus den Teilchen bestehen, eine Welle durfte nicht aus den Teilchen bestehen – bis Einstein kam und aus der abstrakten Quantenbedingung von Planck konkrete physikalische Wirklichkeit machte.

Einstein wußte, daß er dem stolzen Gebäude der Physik damit seine Grundlage genommen hatte. Er hatte es nicht bloß renoviert, sondern gleich ganz abgerissen, und genau das nannte er »revolutionär«, wobei wir annehmen können, daß Einstein schon 1905 ahnte, daß die Lichtteilchen irgendwie anders sein mußten als Billardkugeln oder Golfbälle. Einstein spürte sicher schon im Wunderjahr, daß man sich die Lichtquanten (Photonen) nicht wie Murmeln vorstellen durfte, da sie auch in extrem winziger Form bleiben, was sie nicht mehr sein dürfen, nämlich Objekte aus dem Alltag. Irgend etwas mußte an den Lichtbällchen anders sein, und er brauchte fast zwei Jahrzehnte, bevor er sagen konnte, was das war. Im Jahre 1924 fiel ihm bei der Lektüre einer Arbeit des indischen Physikers Satyendra Bose auf, daß man mit Photonen nur dann richtig Statistik treiben kann, wenn man sie anders abzählt als Golfbälle.[39]

Zwar sollen alle Golfbälle dieselbe Qualität aufweisen und zum Spielen gleich gut geeignet sein. Trotzdem lassen sich Golfbälle markieren und also unterscheiden, auch wenn sie noch so leicht zu verwechseln sind. Das Markieren geht mit den Lichtteilchen nicht mehr, wie sich als Ergebnis einer statistischen Analyse zeigt. Wer etwa zwei Golfbälle auf zwei Spieler verteilt, hat dazu vier Möglichkeiten – entweder hat der erste oder der zweite Spieler beide Bälle, oder jeder der Spieler hat einen, was sich auch auf zwei Weisen realisieren läßt. Wer zwei Lichtteilchen auf zwei Weisen verteilen will, kann zunächst zwei rechts oder zwei links hinlegen, wie bei den Golfbällen. Aber dann bleibt nur noch eine Möglichkeit des Verteilens, denn – so sagt es die unanschauliche Statistik der Quantenwelt – die Photonen können nicht markiert (auseinander gehalten) werden, und es gibt nur eine Möglichkeit, zwei Photonen auf links und rechts zu verteilen.

Diese Merkwürdigkeit leuchtet keinem gesunden Menschenverstand ein. Man muß sie hinnehmen und kann versuchen, sie sich plausibel zu machen. Dies geht zum Beispiel, wenn man sich vorstellt oder akzeptiert, daß Photonen keine Identität haben. »Ein Photon ist ein Photon ist ein Photon«, wie Gertrude Stein sagen würde. Es gibt nicht so etwas wie *das* Photon, das man gesehen hat und das man wiederfinden kann. Es gibt immer wieder nur *ein* Photon, mit dem man in Kontakt kommt, und diese

Ununterscheidbarkeit nutzt die Natur praktisch aus. Da Photonen keine Identität haben, brauchen sie auch keinen individuellen Auftritt. Sie können – im Gegenteil – wunderbar als Kollektiv agieren und das tun sie auch. Für solch ein Kollektiv haben wir sogar einen höchst vertrauten Namen – es ist das Licht, das wir sehen und spüren.

Von diesen wundersamen Entwicklungen und Einsichten war Einstein in seinem Wunderjahr noch weit entfernt. Vor einhundert Jahren sah er nur die Zerstörung, die er angerichtet hatte, und nichts, was sich aus den Trümmern machen ließ und an ihre Stelle treten könnte. Tatsächlich sollte es zwei Jahrzehnte dauern, bis es Physikern wie Werner Heisenberg und Erwin Schrödinger gelang, an die Stelle der klassischen Mechanik eine neue Quantenmechanik zu setzen, und das Merkwürdige bestand darin, daß sie für ihre Darstellung – wie Einstein bei der Relativitätstheorie – eine eigene Dimension benötigten. Diesmal war es allerdings keine bekannte Dimension wie die Zeit. Diesmal war es eine, die so unbekannt wie verrückt war. Es war die imaginäre Dimension, die Gauß der Mathematik geschenkt hatte.

»Wissenschaft der imaginären Lösungen«

Wenn man Einstein oder irgendeinem Physiker um 1905 gesagt hätte, daß sie ihr Ziel, die reale Welt zu beschreiben, nur dann erreichen könnten, wenn sie in imaginäre Dimensionen ausweichen würden, wäre man von ihnen für verrückt erklärt worden. Der Weg bis zu dieser erschreckenden Erkenntnis ist mit Schockerlebnissen und Schmerzen verbunden gewesen, also mit psychischem Erleben, das für das Publikum bestenfalls im Bereich der kreativen Kunst angesiedelt ist. Forschung vollzieht sich doch sachlich, logisch, rational und korrekt – oder?

Für »normale« Forschung gilt das sicher, und zwar ebensosicher wie für »normale« Kunst, wie wir sie auf vielen Malakademien antreffen. Doch große Forschung kann mit diesen Maßstäben ebenso wenig erfaßt werden wie große Kunst, die sich beide aus anderen Quellen speisen, wobei die schon geäußerte Vermutung sich immer stärker aufdrängt, daß es Quellen gibt, die zugleich in der Kunst und in der Wissenschaft ergiebig werden.

Der mühsame Weg der Physiker vom alten Verständnis der Atome und des Lichts zum neuen begann in den Jahren nach 1905, wobei sich herausstellte, daß man mit den Atomen besser klarkam. Für sie gab es – wie gesagt – eine Mechanik, die der Wirklichkeit der Quantensprünge Rechnung trug, bereits nach zwanzig Jahren, während es mehr als doppelt so lange dauerte, bis auch eine neue Lichttheorie – eine Quantenelektrodynamik – vorlag, mit der die Wechselwirkungen erklärt werden konnten, die sich zwischen Licht und Materie abspielen, was genauer heißt, zwischen den Quanten des Lichts, die Einstein entdeckt hat, und den besonders beweglichen Bereichen der Atome, die wir als Elektronen kennen.

So wie es einige Jahre gedauert hat, bevor Plancks Idee ihre eigentliche Bedeutung durch Einstein bekam, brauchten die Physiker bis nach 1910, um erste tragfähige Vorstellungen über die elementaren Strukturen in der Materie zu entwickeln. Bis dahin ging man fest von der Überzeugung aus, daß die beiden Formen der Ladung, die es in den Atomen gab – die positive und die negative –, eine Art Rosinenteig bildeten, in dem die Rosinen die Rolle der Elektronen spielten. Daß diese Vorstellung unhaltbar war, erkannte man nach 1910, als sich in Experimenten zum ersten Mal herausstellte, was heute allen vertraut ist, daß es nämlich einen positiv geladenen Atomkern gibt, um den sich die Elektronen bewegen.

Plötzlich sah das Atom wie ein Planetensystem *en miniature* aus. Die Elektronen umkreisten den Kern so, wie es die Planeten mit der Sonne tun. Diese auffallende Übereinstimmung zwischen der Welt im kleinen und der Welt im großen hätte zwar Leonardo da Vinci und seinen Zeitgenossen in der Renaissance gefallen, auch wenn er die Welt im kleinen mit dem Menschen und die Welt im großen mit der Erde gleichgesetzt hätte. Aber der Analogiegedanke leuchtete den Wissenschaftlern des 20. Jahrhunderts überhaupt nicht ein. Sie zogen vielmehr den Schluß, daß es irgend etwas Besonderes an dem atomaren Saturnmodell geben mußte, um die physikalische Wirklichkeit zu erklären.

Der erste Schritt in diese Richtung gelang Niels Bohr, der in einem Modell den Umlaufbahnen Einschränkungen auferlegte. Sie konnten nicht jede beliebige Position einnehmen. Zwischen zwei von ihnen mußte Platz bleiben, und die Größe dieses Abstands wurde durch die Quanten festgelegt. Bei dem mit diesen Bedingungen ausgerüsteten Atom spricht man heute vom Bohrschen Modell (Abb. 12), und seine Grundstruktur ist so weitverbreitet, daß viele bis heute meinen, damit ein zutreffendes Bild des Atoms vor Augen zu haben.

Nichts könnte weiter von der Wahrheit entfernt sein. Zwar half Bohr mit seiner mit Nobelpreiswürden ausgestatteten Konstruktion, einfache Vorgänge der Physik zu erklären. So konnte er genau vorhersagen, welche Farbe das Licht hat, das Atome aussenden, wenn ein Elektron zwischen zwei Bahnen springt und die Energie verliert, die als Licht auf die Reise geht. Aber sein Modell geriet

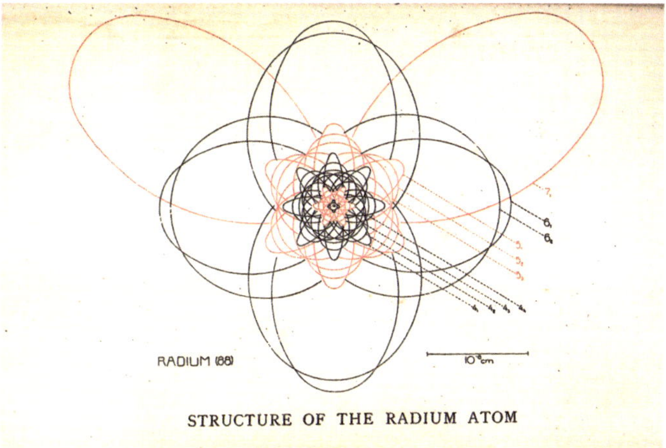

Abb. 12 DAS ATOMMODELL VON BOHR

immer mehr in Schwierigkeiten, als die Atome größer wurden, und das fing schon an, als er sich statt am Wasserstoff mit einem Elektron am Helium mit zwei negativen Ladungen in ihrer Umlaufbahn versuchte.

Langsam, aber sicher setzte sich die Idee durch, daß das Atom nicht wie ein Ding aus dem Alltag behandelt werden konnte. Es war kein Rosinenteig, es war kein Miniaturplanetensystem, es war vielleicht überhaupt kein Ding, es hatte möglicherweise gar kein Aussehen, wie der Maler Willi Baumeister gesagt hätte, und es lieferte noch ein anderes Problem. Denn trotz aller Erfolge, die Bohr mit seinen kreisenden Elektronen erzielen konnte, blieb ihm völlig schleierhaft, wann sich ein solches Elementargebilde aufmachte, einen anderen Orbit einzunehmen, und was passierte, während es »schwuppdiwupp und mit Elan auf die nächste Quantenbahn« wechselte, wie einmal gereimt wurde. Bei Nachfragen zuckten Bohr und seine

Kollegen die Schultern, und es blieb ihnen nichts anderes übrig, als etwas von zufälligen Ereignissen zu murmeln (was Bohr vor allem gerne mit einer Pfeife im Mund tat, so daß seine Worte zusätzlich unverständlich wurden).

Es sind nun diese beiden Aspekte – das Zufällige im Innersten der Welt und die Unmöglichkeit, sich das Atom als ein greifbares Ding vorzustellen –, die auf seiten der Kunst große Aufmerksamkeit hervorriefen. Besonders drastisch reagierten der aus Rußland stammende Wassilij Kandinsky (1866–1944), der 1911 für die erste Ausstellung der Künstlervereinigung *Der Blaue Reiter* sorgte, und Marcel Duchamp (1887–1968), der 1913 vom Zufall schwärmte, den die Wissenschaft als Teil der Wirklichkeit entdeckt habe und der ihm erlaube, mit und in seinen Werken gegen die logische Realität vorzugehen. Duchamp war dabei von den merkwürdigen Texten beeinflußt, die der französische Künstler und Schriftsteller Alfred Jarry am Ende des 19. Jahrhunderts verfaßt hat. Jarry entwarf eine neue Physik, die er »Pataphysik« nannte und als »Wissenschaft der imaginären Lösungen« definierte. Die Quantenphysik verwirklichte diesen Gedanken in der Mitte der 1920er Jahre. Die mit surrealistischen Zügen ausgestattete Quantenmechanik ist genau das, eine »Wissenschaft der imaginären Lösungen«. Sie benötigt nämlich die imaginäre Dimension der Zahlen, um formulierbar zu sein, und sie bringt auf diese Weise den Zufall unaufhebbar in das reale Agieren von Atomen und Licht.

Duchamp verstand sich in der Tradition der Pataphysik, was heißt, daß er um 1913 in seinen Kunstwerken Wirklichkeiten entwarf, die durch eine leichte Aufblähung oder Ausdehnung der Gesetze möglich werden konnten, wie sie die Physik und die Chemie kannten. Er baute in seine alternativen Realitäten schon jetzt den Zufall ein, von dessen tatsächlicher Bedeutung die Physiker noch nicht vollständig überzeugt waren und dem sich Einstein bis zum Ende seines Lebens nicht anschließen konnte. »Gott würfelt nicht«, hat er mehrfach gesagt, wie an dieser Stelle unvermeidlich zitiert werden muß (wenn man auch nicht versäumen sollte, auf den merkwürdigen Anspruch hinzuweisen, der in dem Satz steckt. Immerhin versucht Einstein, Gott etwas vorzuschreiben, nämlich seine Finger von den Würfeln zu lassen).

Irgendwie scheint es immer dasselbe Spiel, daß Künstler die grundlegenden Denkmuster einer Zeit rascher wahr- und aufnehmen als ihre forschenden Kollegen, um die neuen Möglichkeiten zu nutzen bzw. ihnen eine künstlerische Form zu geben. Thomas Mann, der Zeitgenosse unserer Helden, hat diese Qualität an sich selbst mit großer Genugtuung beobachtet und von seiner Fähigkeit der Antizipation gesprochen. Sie zeigt sich in diesem Fall nicht nur bei Duchamp, sondern vor allem bei Kandinsky, dessen Texte – wie etwa *Über das Geistige in der Kunst* – einem wissenschaftlich geschulten Verstand nicht immer klar einsichtig sind, weil sie allzu sehr von einem mystischen Hauch durchzogen werden. Aber Kandinsky erwies sich unabhängig von seinen manchmal mühsamen Worten als Wegbereiter der abstrakten Kunst, auf die auch Attribute wie »ungegenständlich« oder »gegenstandslos« passen würden. Er war jedenfalls »der erste Künstler, der den Schritt zur Abstraktion konsequent vollzogen hat, zu einer Kunst, die nicht mehr auf der Reproduktion des Wirklichen beruhte, sondern die das nach eigenen Gesetzen gebaute Bild zum Gegenstand des Ausdrucks erhob. Er befreite die Kunst aus der Abhängigkeit von äußeren Erscheinungsformen und erschloß ihr Bereiche, die über alle bisherigen Ausdrucksmöglichkeiten hinausgingen.«[40]

Mit anderen und schlichteren Worten: Bei Kandinsky verschwindet der Gegenstand zwischen 1908 und 1911 (Abb. 13a–c). Seine Bilder zeigen zuletzt nur noch Farben und Formen, und er vollzieht damit für die Kunst und in ihr, was sich in der Wissenschaft erst ankündigt und noch ein Dutzend Jahre benötigt, um im Innenraum der Natur sichtbar werden zu lassen, was die Bilder schon im Außenraum der Galerien gezeigt haben.

Kandinsky beeindruckt bereits die Tatsache, daß sich die Grundlage der materiellen Welt als Illusion erweist, als die Physiker das vielleicht ahnen, aber keinesfalls sagen und noch nicht einmal im Ansatz wissen, mit welchen Mitteln sie einen Nachweis dafür führen könnten. Noch rätseln sie an dem Bohrschen Modell des Atoms herum, in dem kleine Kügelchen um ein größeres Kügelchen im Zentrum rotieren, und noch versuchen sie mit dieser Vorgabe, nicht nur die Zusammensetzung von leichten Atomen

Abb. 13a Murnau – Herbstliche Landschaft mit Kirche, 1908

Abb. 13b Studie zu Herbst I, 1910

Abb. 13c Komposition IV, 1911

Abb. 13 (a – c) KANDINSKYS BILDER ZWISCHEN 1908 UND 1911 werden zunehmend abstrakt; der Gegenstand tritt immer mehr hinter die Form zurück und verschwindet zuletzt

mit wenigen Teilchen wie Wasserstoff und Helium zu erraten, sondern sie wagen sich auch in die Bereiche der Metalle wie Kupfer oder der radioaktiven Elemente wie Radium vor, in denen es sehr verwickelt zugeht, aber nur, um immer wieder zu scheitern. Nach und nach setzt sich der Eindruck – bei Bohr und anderen – durch, daß irgend etwas vom Grundsätzlichen her gesehen nicht stimmt. Und in die Diskussionen, in denen nach der Fehlerquelle gesucht wird, schleichen sich bald merkwürdige Begriffe ein, die man in der Physik nicht erwartet.

Einigen Wissenschaftlern kommt sehr mystisch vor, was sie einem Elektron auf seiner Bahn zumuten. Es läuft zwar mit einer bestimmten Häufigkeit um seinen Kern herum, die Frequenz, die es dann als Licht abstrahlt, hat aber mit ihr nichts zu tun. Sie hat mit keiner der Umlaufbewegungen zu tun, sondern wird durch einen mysteriösen Sprung festgelegt, der ohne ersichtlichen Grund erfolgt. Doch was immer auch bei solchen Veränderungen im Atom passiert, seine Form bleibt erhalten. Tatsächlich funktioniert die Physik in diesem Bereich der Wirklichkeit überhaupt nur, weil die Natur an dieser Stelle mehr als deutlich die Tendenz zeigt, Formen zu bilden und zu erhalten. Und den Physikern kommt nach 1920 zum ersten Mal der Verdacht, daß sie die Atome vielleicht dann verstehen können, wenn sie sich weniger um ihre Mechanik kümmern und mehr auf ihre Form konzentrieren (ohne sie in das vertraute und erfolgreiche Kausalschema ihrer Wissenschaft zu integrieren bzw. darauf zu reduzieren).

Tatsächlich schaffen zwei junge Studenten bald die entscheidende Voraussetzung, um diesen weniger ordentlichen und mehr ästhetischen Weg gehen zu können. Gemeint sind der 1900 in Wien geborene Wolfgang Pauli und der ein Jahr jüngere Werner Heisenberg, der aus Würzburg stammt. Pauli kommen schon früh Zweifel an den alten anschaulichen Vorstellungen und er fragt sich und seinen Freund Heisenberg, ob es so etwas wie Bahnen von Elektronen in einem Atom überhaupt gibt. Schließlich sieht man nichts dergleichen, selbst mit den besten Instrumenten nicht, und das einzige, was von Atomen beobachtet wird, ist die Frequenz (Farbe) des Lichts, das sie aussenden. Heisenberg nimmt den Gedanken auf und wandelt ihn kreativ in folgende Vorstellung um: »Die Bahn entsteht erst dadurch, daß wir sie beobachten.«[41]

Mit diesem kurzen Satz in einem Brief an Pauli bringt der fünfundzwanzigjährige Werner Heisenberg die entscheidende Wendung der modernen Wissenschaft zu Papier, die ihr Pendant in der Kunst längst gefunden hat, wie oben am Beispiel von Kandinsky skizziert wurde. Von nun an gestaltet die Wissenschaft die Natur, die sie bis dahin dargestellt hat.

Als Heisenberg schreibt, daß die Natur dadurch verstanden werden kann, daß Menschen ihr eine Form geben, hat er die neue Welt der Mathematik schon gefunden, in der die Hilfsmittel liegen, mit denen die Physiker ihrem Wissen ebenfalls die geeignete Form geben können. Die Quantenmechanik, die mit imaginären Dimensionen dabei entsteht, liefert tatsächlich keine Elektronenbahnen mehr. Sie erlaubt dafür die Berechnung von Bereichen, in denen sich Elektronen mit gegebener Energie aufhalten können. Für solche Regionen kann man in populären Texten manchmal das Wort »Wahrscheinlichkeitswolke« lesen. Damit soll ausgedrückt werden, daß niemand genau sagen kann, an welcher Stelle genau sich das Elektron befindet. Man kann aber wissen, an welchen Positionen welche Wahrscheinlichkeit besteht, das Elektron anzutreffen. Dabei entstehen wolkige Gebilde (Abb. 14), die wie künst-

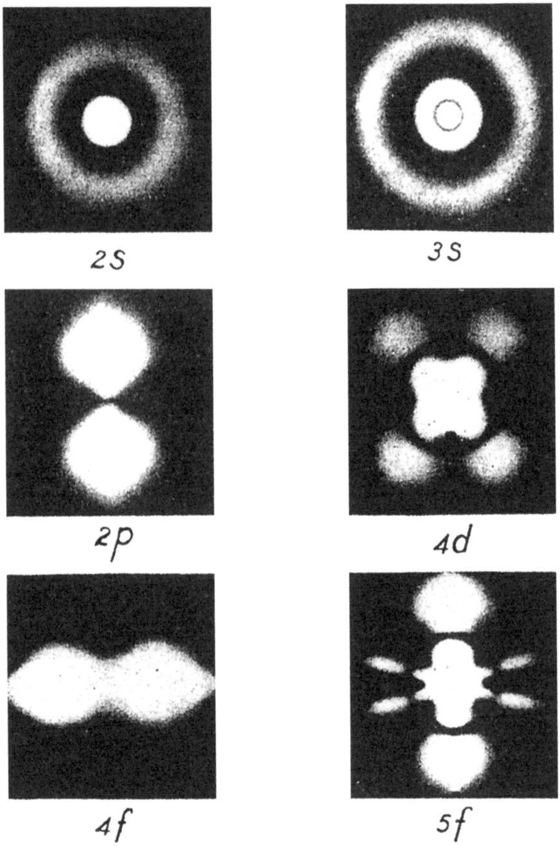

Abb. 14 ELEKTRONENWOLKEN, wie sie sich für unterschiedliche Energien aus den physikalischen Gesetzen berechnen lassen

lerische Zeichen oder Zeichnungen aussehen und durch ihre Symmetrie auffallen.

Heisenbergs Atomphysik ist nicht bloß die Erweiterung einer bestehenden Theorie in der Wissenschaft. Sie stellt darüber hinaus etwas völlig Neues dar, so wie Picassos Kubismus oder Kandinskys Abstraktionen etwas völlig

Neues darstellen. Und eine spannende Frage an und für die Wissenschaftsgeschichte lautet: Wie konnte dieser Schritt gelingen? Was mußte Heisenberg Besonderes tun, um die alten Zelte abzubrechen und einen noch unbekannten Kontinent für seine Wissenschaft zu entdecken? Diese Metapher geht dabei auf Heisenberg selbst zurück, der sich mit Kolumbus auf dem Weg nach Amerika verglich und sich fragte, an welcher Stelle der Seefahrer den meisten Mut brauchte? Heisenbergs Antwort hob den Moment heraus, in dem die Nahrungsmittel an Bord gerade noch ausreichten, um die Rückfahrt zu beginnen, in dem Kolumbus aber nicht zögerte, Kurs zu halten.

Form und Farben

Bevor wir Heisenbergs Weg zu seinem inneren Amerika unter die Lupe nehmen, soll noch erwähnt werden, daß Malerfreunde von Kandinsky in den Tagen, als der Weg in die Abstraktion gefunden und gegangen wird, oft ein Vokabular benutzen, das der Physik entlehnt zu sein scheint. Jedenfalls sprechen zum Beispiel Franz Marc und Paul Klee davon, daß sich Licht als Energie entfaltet und daß sie die Kräfte der Natur als Muster von Energielinien zeichnen und zeigen wollen. Und Robert Delaunay, der versucht, dem Kubismus Farbe zu geben, und daher neben der Bewegung der Dinge im Raum auch über die Bewegungen der Farben im Bild nachsinnt, fragt in einem Brief an Marc, »Die Bewegung der Farben, was ist denn das?« Und Delaunay antwortet gleich selbst, es ist »ein Wort aus der Physik. Alles ist Bewegung.«[42] Mit den Farben, die Delaunay und andere Maler auf eine Leinwand setzen, entstehen immer auch Formen, und Delaunay ist »besessen von den Formen der Farben«, ohne den Ehrgeiz zu entwickeln, sie »schulmäßig zu erklären«, wie er Marc weiter schreibt.

Für die Wissenschaft stellen die angesprochenen Aspekte von Bildern wunderbare Aufgaben dar, schließlich würde man in diesem Lager der menschlichen Kultur gern wissen, ob die Farben und Formen und ihre Bewegung am gleichen Ort im Nervengewimmel unter der Schädeldecke entstehen, und heute kennt man die Antwort zumindest teilweise. Sie ist höchst interessant. Denn bemerkenswerterweise verarbeitet das Gehirn jede der drei von Delaunay genannten Qualitäten in einem gesonderten Bereich, was bedeutet, daß ein rollendes rotes Rad in einem Kopf auf drei Stellen verteilt ist – das Rollen ist woanders als das Rot, das woanders ist als das Rad –, wobei es spannend sein müßte, diese Konstellation zu malen bzw. in einem Bild festzuhalten. Wenn man nämlich noch weitergeht und annimmt, daß verschiedene Formen verschiedene Positionen auf dem inneren Bild einnehmen, das wir uns gerade ausmalen, könnte etwa ein Gesicht mit seinen diversen Rundungen (Nasenlöcher und Augen) und Farben (Haare und Haut) eine merkwürdige Darstellung erfahren, die vermutlich gar nicht so weit weg von Picassos Bildern ist, die wir zum synthetischen Kubismus zählen. (Wer will, kann sich ein noch stärker zerstückeltes Bild der Welt vorstellen, wenn er weitere Sinnesmodalitäten zuläßt und das Gerochene vom Gehörten und so weiter trennt.)

Jedenfalls zerlegt das Nervensystem in unserem Kopf – nach den Befunden der Neurologie – die Welt, bevor es sie uns zeigt. Wie die Informationen, die ja noch unsortiert im Auge ankommen, im Nervensystem analysiert und synthetisiert werden, wird, so weit es die Wissenschaft erlaubt, noch zur Sprache kommen. Es geht dabei um den Versuch, wenigstens im Ansatz zu verstehen, woher die Formen kommen, die Kandinsky und andere Maler aus dem Umkreis des Blauen Reiters in ihre Kompositionen aufnahmen und einfügten.

Klar ist, daß diese Formen nicht mehr direkt aus der äußeren, sondern eher aus der inneren Natur kommen. Nachdem Kandinsky erkannt hatte, »daß der Gegenstand meinen Bildern schadet«, und er sich »in vielen Jahren geduldiger Arbeit, angestrengten Denkens, zahlreicher vorsichtiger Versuche« die Fähigkeit aneignen konnte, auf den Gegenstand zu verzichten und ihn durch abstrakte malerische Formen zu ersetzen, stellte er zugleich fest: »Alle Formen, die ich je brauchte, kamen ›von selbst‹, sie stellten sich fertig vor meine Augen und es blieb mir nur, sie zu kopieren ..., sie bildeten sich schon während der Arbeit, oft für mich selbst überraschend«.[43]

Die Form der Energie

Mindestens so überrascht wie Kandinsky von seinen inneren Bildern ist Heisenberg, als er 1924 allein – ohne Kollegen und ohne Verpflichtungen – auf Helgoland beim Nachdenken über die Physik der Atome den Weg seiner Wissenschaft in die Abstraktion findet.[44] Heisenberg kennt den Satz von Nietzsche, demzufolge das Abstrakte »für Viele eine Mühsal, – für mich an guten Tagen ein Fest und ein Rausch« ist. Heisenberg erlebt zutiefst erschrocken, wie bei seinen Rechnungen plötzlich eine Formel entsteht, mit deren Hilfe ihm die Natur einen »Grund von merkwürdiger innerer Schönheit« zeigt, von dem aus die Eigenschaften der Atome an die an Oberfläche gelangen können.

Heisenbergs Offenbarung kann als mystisches Einheitserlebnis verstanden werden, bei dem die Vereinigung nicht mit Gott, sondern mit der Natur zustande kommt. Um dort hinzugelangen, müssen verschiedene Vorbereitungen getroffen werden, die Heisenberg in seiner Autobiographie *Der Teil und das Ganze* beschreibt. Zunächst muß er versuchen, »den am Anfang in solchen Fällen immer auftretenden mathematischen Ballast abzuwerfen und eine einfache mathematische Formulierung meiner Frage zu finden«[45], was ihm gelingt. Und weiter benötigt er einen Reiseführer, der es ihm gestattet, im Unbekannten anzukommen, ohne dort verlorenzugehen. Für diese Aufgabe wählt Heisenberg den Satz von der Erhaltung der Energie. Er prüft die Gültigkeit des Energiesatzes in jedem Schritt seiner Rechnungen nach und mit dieser Orientierung erreicht er sein Ziel, nämlich die mathematische Formel, die ihm das oben geschilderte Offenbarungserlebnis ermöglicht und ihm das »neue Land« zeigt, wie er es selbst nennt. Hier sieht Heisenberg zum ersten Mal, was heute alle wissen können, daß nämlich die Atome – und damit die Materie – abstrakt sind. Diese Einsicht erlaubt jetzt den Blick zurück auf die moderne Kunst, bei der sich das Publikum von Beginn an die Frage stellt, warum ihre Vertreter abstrakt malen. Wenn wir – wie bisher – vorgeben, daß Maler nicht zeigen wollen, wie die Welt aussieht, sondern wie sie ist, dann kann man jetzt eine knappe Antwort auf die Frage geben, warum die Künstler zu Beginn des 20. Jahrhunderts abstrakte Bilder vorlegen. Sie wissen jetzt, daß die Welt so abstrakt ist.

Wenden wir uns erneut Heisenberg zu. Wer an dieser Stelle einwendet, daß sein Vertrauen in die Führung durch den Energiesatz nichts Besonderes darstellt, darf daran erinnert werden, daß der blutjunge Heisenberg vor seiner

Abfahrt nach Helgoland noch mitbekommen hat, wie der große Bohr und seine erfahrenen Kollegen die Idee ins Spiel brachten, diese fast heilige Säule der klassischen Physik zu opfern, um mit den Atomen in ihrer alten Sprache klarzukommen. Heisenberg kam solch ein Abweichen nicht in den Sinn, was die Frage aufwirft, was die Energie so stark auf das Denken einwirken ließ – vor allem, wo niemand genau sagen konnte, was das denn wirklich ist, was wir Energie nennen. Jeder versteht, was mit Wärmeenergie oder Bewegungsenergie gemeint ist, und auch wundert sich niemand, wenn man sagt, daß ein Redner seine Ideen voller Energie vertritt und vorträgt. Aber diese Übereinstimmung bedeutet nicht, daß wir deswegen die Energie so verstehen oder definieren können, daß sie auf alle Beispiele paßt. Wir wissen sehr wohl, was ein schöner Schmetterling oder ein schönes Gedicht ist, und kommen trotzdem in Schwierigkeiten, wenn wir um Auskunft gebeten werden, was denn das Schöne sei, das die beiden und Millionen andere Aspekte verbindet.

Fred Alan Wolf, der in den USA Professor für Theoretische Physik ist, behauptet, »daß es keinen Physiker auf der ganzen Welt gibt, der weiß, was Energie eigentlich ist«, und solche Zitate lassen sich auch in einschlägigen Lehrbüchern zu dem Thema finden. Das gibt Wolf Mut, in ihr eine grundlegende und ursprüngliche Idee zu erkennen. Er schlägt vor, in der Energie etwas Archetypisches zu sehen, und schreibt, »meiner Ansicht nach taucht die Vorstellung von Energie als Teil des kollektiven Unbewußten auf«[46], und wenn wir uns diesem Gedanken aus der Psychologie anschließen, können wir verstehen, warum Heisenberg unabhängig von den Zweifeln in seiner Umgebung am Energiesatz festhielt. Es war eine Überzeugung von innen, und diese stand zugleich drängend und fertig vor Heisenbergs Augen, so wie es die Formen taten, die Kandinsky bei der Arbeit aus derselben Richtung überraschten.

Es ist unvermeidlich, daß jetzt mehr über die Quellen dieser inneren Bilder gesprochen werden muß, was für später mit dem Hinweis versprochen wird, daß damit an eine uralte Erkenntnistheorie angeknüpft wird, die ihren Schwerpunkt in das Innere des Menschen legt. Gemeint ist der Vorschlag von Platon, daß unser Erkennen ein Wiedererkennen ist. Wir verfügen über einen Schatz an Ideen, sagt Platon, und vergleichen die wahrgenommenen materiellen Objekte mit diesen seelisch oder geistig verfügbaren Konstellationen, bis sich eine Übereinstimmung ergibt, mit der wir zufrieden sind. Dann haben wir etwas erkannt.

Die Platonsche Ideenlehre wird hier nicht nur erwähnt, weil sie sowohl mit der modernen Psychologie als auch mit der aktuellen Physiologie ins Einvernehmen gesetzt werden kann und uns so eine interdisziplinäre Erörterung des menschlichen Erkennens gestattet. Sie hat auch in der Kunst der hier verhandelten Zeit eine Rolle gespielt, und zwar im Denken des holländischen Malers Piet Mondrian (1872–1944). Mondrian interessiert uns deshalb, weil er – sicher nicht zufällig – zeitgleich mit Kandinsky den Gegenstand durch seine geometrische Grundform ersetzt. Diese Gestalt kann und darf man als Illustration der Idee verstehen, die sich von dem jeweiligen Gegenstand in unserem Denken befindet (Abb. 15a, b).

Auf unserer Suche nach Gemeinsamkeiten in der Geschichte von Kunst und Wissenschaft sind wir also bei archetypischen Ideen platonischer Provenienz und ihrem Auftauchen fündig geworden, aber dabei haben wir den ersten Aspekt der Vorbereitungen etwas vernachlässigt, die Heisenberg vollzog, um die Tiefe seines Innenraums

Abb. 15a Piet Mondrian (1872–1944) Abend: Der Rote Baum, 1908–10 (Öl auf Leinwand, 70 x 99 cm)

Abb. 15b Piet Mondrian (1872–1944) Blühender Apfelbaum, 1912 (Öl auf Leinwand, 78,5 x 107,5 cm)

Abb. 15 (a/b) MONDRIANS BÄUME – ABSTRAKTER WERDEND

aufzuschließen und sich ihr zu öffnen. Er bestand in dem Wegräumen von mathematischem Ballast, wie er bescheiden und technisch korrekt schrieb, wie aber auch anders ausgedrückt werden kann. Die Art, wie Heisenberg sich auf seine Offenbarung vorbreitete, kann man auch »Reinigung« nennen, wobei wir mit diesem Ausdruck kein Hantieren mit Seife, sondern eher das meinen, was lateinisch »purgatio« heißt und eine innere Reinigung im Bereich der Seele meint (was in unserem Jahrhundert ohne Fegefeuer geschehen darf und soll).

Es ist höchst zweifelhaft, ob Heisenberg einem Biographen gestattet hätte, dieses schwerwiegende und historisch beladene Wort auf ihn anzuwenden. Wir nehmen uns diese Freiheit aber trotzdem, und zwar vor allem deshalb, weil das Wort der »Reinigung« in einem Text des schon genannten Malers Willi Baumeister (1889–1955) auftaucht. Baumeister schildert, was aus seiner Sicht über *Das Unbekannte in der Kunst* gesagt werden kann. Obwohl diese Abhandlung erst in den 1940er Jahren publiziert worden ist, kann sie auf sein Denken in den Jahren bezogen werden, als der Kunst und der Wissenschaft die Reise in die Abstraktion gelang. 1914 etwa malt Baumeister *Fünf Figuren*, die wie Picassos fünf »Demoiselles« ganz in der Fläche liegen, aber bereits mehr aufgelöst und stärker auf einfache »Elemente« zurückgeführt sind, wie es Baumeister nennt, um mit diesem Ausdruck den Begriff der Reinigung einzuführen: Er versteht darunter »die Rückführung alles Sichtbaren auf einfache Elemente der Gestaltung … Die Reinigung der Kunst der Malerei entblößt die ganz spezifischen Grundgesetze, die nur in ihr liegen. Sie entspringen teils aus dem technisch Handwerklichen, teils aus übergeordneten Faktoren elementarer Art (Auffassung der Fläche, des Skulpturalen, der Farbe), dem Grundsätzlichen.«[47]

Baumeister bezieht sich sogar explizit auf die Ergebnisse der Quantenphysik, wenn er die Quantensprünge anspricht – »die Zeit gliedert sich in die Vorgänge« – und akzeptiert, daß »die Wahrscheinlichkeitsrechung … an die Stelle der alten Kausalität« tritt. Er faßt die zentrale Einsicht der neuen Physik für sich in dem Satz zusammen: »Alles Stoffliche löst sich auf in Kräfte«, wie es auch die Quantenphysik sagt, derzufolge die Atome keine Dinge mehr sind und sich nur noch »unbestimmbar verhalten«.[48]

Baumeister nimmt sogar den Gedanken auf, daß wir es sind, die für die Bahn des Elektrons im Atom sorgen. Seine gereinigte Malerei soll ein anderes Sehen ermöglichen. Sie tritt an die Stelle der Natur selbst. Seine Bilder dienen als Erkenntnisinstrumente der natürlichen Welt, weil die Naturbeobachtung selbst – im Verständnis von Baumeister – verbraucht ist. Tatsächlich handelt die sogenannte moderne Physik als Naturwissenschaft ja nicht mehr von der Natur, durch die wir spazierengehen und die wir mit unseren Augen sehen und mit den Händen greifen. Sie handelt von einem Teilstück der Natur, das wir isoliert und dann konstruiert haben, was bedeutet, daß zu dem betrachteten Ausschnitt nicht nur die Natur, sondern auch wir mit unserem Tun beigetragen haben. Die wissenschaftlich erkundeten Tatsachen schließen unsere Taten – also uns – so mit ein wie das, was wir auf den Bildern von Baumeister sehen. Er möchte mit ihnen den Betrachter in einen Zustand bewegten Sehens versetzen, was ihm erlaubt, sogar das Element Zeit in der Malerei empfindbar zu machen, wie es der Kunsthistoriker Gottfried Boehm ausdrückt.[49]

Baumeisters Bilder sind abstrakt, aber sein Wundern über die Natur ist konkret. Er hält die sichtbare Welt für unbekannt – vielleicht sollte man im Zusammenhang mit der Naturwissenschaft besser »unerkannt« sagen – und vermittelt ihr Geheimnis in Form seiner Bilder bzw. in der Form der Bilder. Wenn man es fast zu einfach ausdrücken will, kann man sagen, daß die Form das neue Geheimnis werden soll, das den Betrachter an sich zieht und bewegt. Und wenn es auch merkwürdig klingt, damit erfaßt der Künstler eine Tendenz der Wissenschaft, die bei ihren Anhängern wenig Beachtung findet (wenn sie überhaupt bemerkt wird). Gemeint ist die Tatsache, daß die abstrakten Ergebnisse der Naturforschung neben ihrer Nützlichkeit immer auch noch ein Geheimnis enthalten und liefern. Und an dieser Stelle wird der (paradox klingende) Vorschlag gemacht, dieses Geheimnisvolle der Naturwissenschaften auszunutzen, um ihre Vermittlung zu fördern. Dabei wird mehr Verständnis und mehr Verstehen ermöglicht, als es durch all die scheinbar so einfachen Erklärungen gelingen kann, nach denen überall nur Rätsel gesehen werden, wo in Wahrheit Geheimnisse warten.

Was ist gemeint, wenn man sagt, daß die Ergebnisse der Naturwissenschaften geheimnisvoll sind? Beginnen wir außerhalb der Physik mit einem Blick auf die moderne Biologie, die das Leben aus molekularen Strukturen heraus zu begreifen versucht und im Zentrum ihrer Bemühungen die phantastisch elegante Molekülform einer Doppelhelix hat. Als diese sich wunderbar windende und mit den Proportionen des goldenen Schnitts versehene Struktur zwei Wissenschaftlern zum ersten Mal einsichtig wurde – dies waren James Watson und Francis Crick, die

1953 die Doppelhelix als Konfiguration des Erbmaterials vorgeschlagen haben –, riefen sie in ihrer ersten Freude über ihren Erfolg aus: »Wir haben das Geheimnis des Lebens gelöst.« Natürlich hat die erkannte Form des genetischen Materials sofort konkrete Fragen der Biologie beantworten können – etwa die nach der Verdopplung der Gene oder die nach der Art der Informationsspeicherung –, aber das lenkt den Blick in die falsche Richtung, und nur umgekehrt wird ein Erkenntnisgewinn daraus. Die Doppelhelix löst nämlich nicht das Rätsel des Lebens. Im Gegenteil! Sie ist es. Sie stellt es dar. Sie zeigt es uns. Wer trotzdem nach dem makellosen und beeindruckenden Strukturvorschlag unbedingt sagen will, daß in der Doppelhelix das Geheimnis des Lebens zu sehen ist, der kann das ruhig tun. Ein Geheimnis muß Menschen locken, und was uns an der Form der Gene lockt, sind Eleganz und andere ästhetische Aspekte. Mit anderen Worten, das Geheimnis des Lebens steckt in der Schönheit der Doppelhelix, die auf ihre Weise macht, was die abstrakten Bilder von Baumeister wollen, nämlich in der Kunstform den geheimnisvollen Zustand des Unbekannten in der Natur bewahren. Die Schönheit ist das Geheimnis, und zwar ein offenes, wie sich sowohl in der Kunst als auch in der Natur zeigt.

Wenn wir vom genetischen Material als Atom des Lebens zu den Atomen der Materie zurückkehren, stellen wir erneut fest, daß wir von präzise berechenbaren Formen handeln, die zu praktischen Zwecken nutzbar sind – etwa zur Synthese von Molekülen oder zur Konstruktion besserer Katalysatoren. Zugleich aber stehen wir vor einem Geheimnis, da sich die Gestalt der Atome auf keinen Fall kausal ableiten läßt – woher denn auch und von welchem Grund aus? Wir können berechnen, wie Atome reagieren, wenn sie mit anderen Atomen zusammengebracht werden und mit ihnen Bindungen eingehen. Wir müssen aber ihre Ausgangsform hinnehmen und können davon ausgehen, daß bei allen Reaktionen und Umwandlungen zuletzt wieder Formen gebildet werden und vor die längst stark bewaffneten Augen treten. Dies bedeutet auch, daß wir uns ruhig darüber wundern und sie als geheimnisvoll und verlockend betrachten können.

Ein besonderes Geheimnis umgibt das Licht, das normalerweise für das Gegenteil gebraucht wird, nämlich »um Licht in ein Geheimnis zu bringen«, wie es im Alltag heißt. Das Verwunderliche verdanken wir in diesem Fall einer Entdeckung von Einstein, der ja 1905 angemerkt und nachgewiesen hat, daß die Vorstellung einer sich ausbreitenden Wellenbewegung nicht ausreicht, um zu verstehen, was passiert, wenn die Finsternis schwindet und unsere Augen etwas zu sehen bekommen. Einsteins revolutionäre Tat von 1905, für die er mit dem Nobelpreis für Physik ausgezeichnet wurde, hat das Verstehen von Licht nicht leichter, sondern schwerer gemacht. Und nicht nur das, Einstein hat das Verstehen im Grunde genommen unmöglich gemacht, also das Licht zu einem Geheimnis werden lassen. Er hat – wenn man so will – Dunkelheit ins Licht gebracht. Vor Einstein war es eine Welle. Nach ihm war es zusätzlich ein Teilchen, wie bereits vor vielen hundert Jahren Newton sicher zu wissen meinte. Nach Einstein muß das Licht sowohl als Welle als auch als Teilchen betrachtet werden, und wie etwas diese Doppelrolle ausführen kann, bleibt ebenso ein Geheimnis wie die Möglichkeit, sich dabei als Kollektiv zu zeigen. Schließlich lassen sich die Lichtteilchen nicht identifizieren oder unterscheiden. Man hat den Eindruck, als ob die Natur das, was George Orwell in *Die Farm der Tiere* beschreibt, auf die Spitze getrieben hat. Dort heißt es, daß es unter den gleichen Tieren einige gibt, die besonders gleich – also gleicher – sind. Die Photonen sind die gleichsten Wesen, wenn man das Wort so weit steigern darf.

Diese Idee des Quantenkollektivs wird weniger erörtert als der Tatbestand, daß die (physikalische) Natur des Lichts unentscheidbar ist und bleibt. Dafür hat sich das Wort von der Doppelnatur des Lichts oder seinem dualen Charakter eingebürgert. Dagegen ist nichts einzuwenden, solange dieser Begriff den Blick nicht davon ablenkt, daß wir damit nicht wissen, was das Licht eigentlich ist. Was ist Licht in Wirklichkeit oder in der Wirklichkeit der Wissenschaft?

Die Frage, was etwas wirklich ist, wenn es zugleich als Welle und als Teilchen in Erscheinung treten kann, hat in der Mitte der 1920er Jahre eine neue Dimension bekommen, als die Physiker merkten, daß die Natur genauso durchgängig symmetrisch ist, wie es Einstein gern wollte. Man entdeckte, was einem romantischen Denken etwa keine Überraschung bieten konnte, nämlich den Gegenpol zu der Tatsache, daß die Natur des Lichts nicht eindeutig bestimmt ist. Neben die Dualität des Lichts trat die Dualität der Materie. Wie die von Einstein postulierten Teilchen des Lichts konnten auch die Teilchen der Materie – die Elektronen – als Welle in Erscheinung treten. Als diese zunächst nur vermutete Doppelnatur tatsächlich im Experiment nachgewiesen werden konnte, war dic Überraschung deshalb so groß, weil das Elektron über eine wohldefinierte und genau bekannte Masse verfügte. In dem Fall war die Dualität wirklich rätselhaft und geheimnisvoll – wie konnte ein derartiges Gebilde eine Welle sein?

Eine Welle definieren die Physiker durch die Fähigkeit, ihre Intensität beim Zusammentreffen mit einer zweiten

Welle sowohl vergrößern als auch verkleinern zu können. Die Fachleute sprechen von der Interferenz, bei der sich zwei Wellenberge entweder addieren oder blockieren und aufheben. Auf diese Weise hatte sich das Licht im frühen 19. Jahrhundert als Welle zu erkennen gegeben. Im raffinierten Versuch hatte Licht plus Licht nicht nur mehr Helligkeit, sondern auch Dunkelheit ergeben. Und in der Mitte der 1920er Jahre stellten die Physiker zunächst ungläubig und dann erfreut fest, daß auch Materie plus Materie nicht nur größere Massen, sondern auch kleinere Kombinationen ergeben und dabei sogar ganz verschwinden kann. Eins plus eins ist außerhalb der sicheren Zone der Mathematik nicht automatisch zwei, wie im Zusammenhang mit Gauß erläutert worden ist. Eins plus eins kann auch null ergeben, wenn die Natur ins Spiel kommt.

Wer sich jetzt fragt, ob es überhaupt noch eine Unterscheidung zwischen Licht (Photonen) und Materie (Elektronen) gibt, bekommt von der Physik zwar keine sentimentale, aber eine romantische Antwort. In der Romantik erwartete man zu jedem Stück ein Gegenstück, und tatsächlich sind die Elektronen das statistische Gegenstück zum Licht. Während die Photonen nur als Kollektiv auftreten, zeigen die Elektronen ihre Individualität, wo es geht. Das heißt konkret, wenn ein Elektron einen Zustand besetzt hat, wird diese Möglichkeit für andere Elektronen versperrt. Was dabei passiert, bleibt den Physikern (und uns mit ihnen) verschlossen, die sich damit begnügen müssen, diese Ausschließung zu konstatieren, wie das Fachwort heißt, das auf Wolfgang Pauli zurückgeht. Pauli hat sogar einen physikalischen Grund für das Anderssein der Elektronen angeben können. Im Gegensatz zu den Photonen verfügen sie über eine Zweideutigkeit, wie er feststellte, um sogleich hinzufügen, daß sich dafür kein klassisches Bild angeben läßt. Das bringt uns nur insofern weiter, als wir dadurch erneut erkennen, wie im Innersten der Dinge nur die Form weiterhilft, aus der heraus wir etwas Physikalisches ableiten können, und zwar die Tatsache, daß wir etwa in einem Molekül keine zwei gleichen Elektronen antreffen können. Das können wir jetzt wissen und sagen, ohne es wirklich zu verstehen.

Die Natur des Lichts ist damit zwar verschieden von der Natur der Materie, aber beide sind gleich geheimnisvoll, und zwar nicht trotz, sondern wegen oder dank der Fortschritte der Physik, die wir bei Einstein und seinen Kollegen finden. Was vor ihnen scheinbar klar war, ist inzwischen herrlich unklar – und zwar im Sinne der exakten Naturwissenschaften. Die Physik hat an dieser Stelle ihre Schuldigkeit getan, und die Frage nach der Natur des Lichts und der Dinge gehört nun in den Bereich der Philosophie, wo ein Aspekt von ihr ungefähr so formuliert werden könnte:

Wenn etwas – wie das Licht oder ein Atom – zugleich Welle und Teilchen ist, kann es dann überhaupt etwas sein, das der physikalischen Realität angehört? Zu dieser Wirklichkeit gehören Wasserwellen oder Golfbälle. Sie können eindeutig bestimmt werden, was aber mit dem Licht und dem Atom nicht gelingt. Atome und Licht müssen folglich anders wirklich sein, als es Wasserwellen und Golfbälle sind. Und der Vorschlag ist gemacht worden, ihren Realitätsgehalt durch das Wort zu beschreiben, das Helmholtz verwendet hat, um zu sagen, wie Menschen im Alltag – im Leben – aus den wahrgenommenen Zeichen der Welt die Erkenntnis gewinnen, auf die es ankommt, nämlich als symbolische Konstruktion. Mit anderen Worten, Atome und Licht sind Symbole. Es sind für uns symbolische Formen, mit denen es der Naturwissenschaft gelingt, etwas über die Wirklichkeit auszudrücken – was nebenbei die Frage zu formulieren gestattet, was denn die Wirklichkeit eines solchen Symbols ist.

Die Anwendung desselben Konzepts hat übrigens der Kunsthistoriker Erwin Panofsky vorgeschlagen, um mit seiner Hilfe zu erklären, was etwa in der Malerei passiert, wenn sie – wie beschrieben – versucht, einen dreidimensionalen Raum auf eine Fläche zu bringen.[50] Nach Panofskys Verständnis handelt es sich bei dem verwendeten Verfahren der Perspektive nicht um eine Nachahmung der Wirklichkeit. Die Perspektive bringt vielmehr deren Form zustande. Mit ihr drücken die Künstler ihr Verstehen der Welt aus, so wie es Physiker mit Atomen tun. Es ist naturgemäß höchst interessant, daß Panofsky diese Einsichten in den Jahren um 1925/26 zu Papier bringt, in denen die Physik endgültig jede Hoffnung aufgibt, das Geschehen auf der atomaren Bühne anders als durch die gleichberechtigten symbolischen Formen von Welle und Teilchen zu erfassen.

Unbestimmtheit

Die Betonung liegt bei Panofsky auf dem unbestimmten Artikel, der andere Möglichkeiten offenläßt. Es gibt *eine* symbolische Form, die aber nicht *die eine* sein muß. Es gibt vielmehr noch andere, wie wir wiederholt gesehen haben. Dieser Spur brauchen wir jetzt nicht weiter zu folgen. Dafür wollen wir an ein Attribut anknüpfen, das oben nahezu unauffällig eingeführt wurde, mit dem sich aber eine zentrale Einsicht der modernen Physik erklären läßt, deren Urheber Werner Heisenberg ist. Während der »unbestimmte Artikel« und dessen Qualität – die der Unbestimmtheit – leicht zu verstehen ist, bereitet dieselbe Eigenschaft offenbar große Schwierigkeiten, wenn sie in Verbindung mit der Entdeckung von Heisenberg benutzt wird, die den gleichen Namen trägt und mit ihm – als Unbestimmtheit – berühmt geworden ist.

Heisenbergs Entdeckung resultiert aus der schlicht scheinenden Frage, warum man Elektronen nicht in einem Mikroskop sehen und dann wie andere Objekte der Alltagswelt behandeln und berechnen kann. Beim Nachdenken darüber fällt Heisenberg unter anderem auf, daß dazu sehr kleine Wellenlängen des Lichts nötig sind, die unvermeidlich mit hohen Energien einhergehen, und als er dies sorgfältig in der mathematischen Sprache seiner Wissenschaft ausdrückt, stellt er quantitativ fest, was sich qualitativ veranschaulichen läßt, daß nämlich das anvisierte Elektron durch die hohe Lichtenergie seine Lage nicht halten kann und durch die Gegend geschleudert wird. Um dagegenhalten zu können, müßte das Elektron selbst sehr viel Energie – also eine hohe Geschwindigkeit – haben. Dann aber hat es keinen festen Platz. Man muß sich also entscheiden: Entweder will man die Position des Elektrons oder seine Bewegung genau erkunden; beides zugleich ist nicht möglich.

So oder so ähnlich wird oft die Beschränkung des Wissens im Bereich der Atome beschrieben, die Heisenberg 1927 zum ersten Mal vorgestellt hat, und dafür hat sich das Wort »Unschärfe« eingebürgert, die Heisenberg als mathematische Beziehung (Relation) faßt. Doch das Wort täuscht leicht über den wahrlich aufregenden Tatbestand hinweg, um den es wirklich geht. Bei Heisenberg geht es nicht um irgendwelche Ungenauigkeiten in irgendwelchen Messungen. Bei ihm geht es darum, daß ein Elektron vor dem Eingriff des Beobachters seine Eigenschaften noch nicht angenommen hat. Es ist in jeder Hinsicht unbestimmt.

Es hält sich alle Möglichkeiten offen und legt sich erst in dem Augenblick fest, in dem es durch eine Messung bestimmt wird.

Eine einfache Form der Unbestimmtheit kennen wir aus banalen Situationen des Alltags, etwa wenn wir in ein Restaurant gehen und etwas von der Speisekarte auswählen sollen. Solange wir nicht gefragt werden, bleibt in den engen oder weiten Grenzen des Menüangebots unbestimmt, was wir bestellen, und manchmal wissen wir es erst in dem Moment, in dem wir gefragt werden. Dies gilt auch bei Wahlen. Natürlich gibt es Leute, die immer CDU oder SPD wählen, wie es Leute gibt, die immer das Schnitzel oder die Tagessuppe nehmen. Aber es gibt auch andere, die unentschieden bleiben, solange sie noch einen Schritt von der Wahlkabine entfernt sind oder solange sie noch nicht von einem Kellner gebeten worden sind, ihre Bestellung aufzugeben.

Mit der Unbestimmtheit der physikalischen Natur ist es dann endgültig ausgeschlossen, irgendwo im Inneren der Materie auf die kleinsten Partikel zu treffen, für die früher die Atome gehalten wurden. Tatsächlich stößt der Weg in die weltliche Tiefe sogar auf eine technische Barriere, die es ausgeschlossen macht, wirklich unteilbare Gebilde zu finden, wie die griechischen Philosophen gedacht haben, als sie das Wort »Atom« für die kleinsten Teilchen vorschlugen. Wenn in einem modernen Großbeschleuniger dafür gesorgt wird, daß elementare Partikel in der Absicht aufeinanderprallen, sie dabei zu zertrümmern, dann gelingt dies zwar in den meisten Fällen, aber die dabei entstehenden Teile sind nicht notwendig kleiner als das Geteilte. In diesen Reaktionen zeigt Einsteins Wundergleichung aus dem Wunderjahr ihre Wirkung. Sie erlaubt es, Energie in Masse zu verwandeln, und genau dies passiert, wenn die Elementargebilde zusammenstoßen. Beim Zerbrechen geht etwas von der eingesetzten Energie in Masse über, und statt aus einem großen zwei kleinere Dinge zu machen, bilden sich aus einem Objekt zwei, die beide größer als das Ausgangsstück sind. Energie kann zur Materie werden, wie man seit Einstein wissen und auch so ausdrücken kann, daß die Energie die Form eines Elementarteilchens annehmen kann. Diese Form ist der Physik bekannt, und zwar in der Sprache der Mathematik. Sie operiert zwar mit imaginären Dimensionen, zeigt aber – zunächst nur für den Fachmann, zuletzt aber für uns alle – dieselben ästhetischen Qualitäten, die wir aus der Welt der Anschauung kennen und dort zum Erkennen nutzen. Gemeint ist etwa die Symmetrie einer Gleichung, aus der sich dann auch symmetrische Formen berechnen lassen, die dem Auge gefallen und unsere Aufmerksamkeit finden.

Der Weg in die Abstraktion

Es ist offensichtlich, daß wir bei Atomen und kleineren Einheiten immer weniger konkrete Gebilde und immer mehr abstrakte Formen vor Augen haben. Tatsächlich haben die Wissenschaftler unter der Führung der Physiker erst seit den Tagen des jungen Einstein und später durch den jüngeren Heisenberg den Bereich des Augenscheins rasant hinter sich gelassen. Sie haben eine atemberaubende Reise in das Reich der Abstraktion angetreten, wie schon erwähnt wurde und wie es etwas genauer zu erkunden und zu verstehen gilt – und zwar allein deshalb, weil die dabei in den unbewussten Tiefen des weltfernen Denkens erreichten Ziele auf die praktische Oberfläche des alltäglichen Lebens zurückwirken. Die Kenntnisse der imaginären Quantenphysik bzw. deren nützliche Anwendungen tragen mit Produkten wie Chips und Sensoren längst zu einem spürbaren Anteil der Weltwirtschaft und der global bilanzierten Bruttosozialprodukte bei. In dieser Hinsicht stehen uns die Atome überhaupt nicht fern, weshalb wir ruhig etwas näher an sie heranrücken sollten.

Statt von der Tiefe der Gedanken sprechen Wissenschaftler lieber in einer Art Gegenbewegung von der Höhe der Abstraktion, die sie erreichen wollen oder erreicht haben, was im übrigen nicht immer gelingt. Alle Versuche von theoretisch tätigen Biologen etwa, die Idee des Gens aus den Niederungen der Chemie und ihrer Bausteine auf mögliche Gipfel der Abstraktion zu heben, sind mehr oder weniger fruchtlos geblieben und von den im Labor tätigen Genetikern kaum zur Kenntnis genommen worden. Vorschläge wie »Gene sind die Atome des Lebens, die als eigenständige Einheit in der Zelle deren Aufbau aus sich selbst gestalten« oder »Gene sind das Kontinuum an Information, mit dem die Evolution operiert, um das Überleben des Lebens zu sichern«, werden eher ignoriert und übersehen. Statt dessen halten sich die Molekularbiologen unserer Tage lieber an konkrete Abschnitte auf Chromosomen, deren chemischen Aufbau sie im kleinsten Detail angeben können. Sie speichern das Erbmaterial als Buchstabenfolge (Sequenz) in einem Computer und nennen solch ein Stück dann ein Gen, wenn es lang genug ist und die Software meldet, daß seiner Verwendung zur Herstellung eines Genproduktes nichts im Wege steht. Ein merkwürdiges Vorgehen, das nur den einen Vorteil hat, am Ende eine präzise Zahl zu liefern (die vielleicht ohne Bedeutung bleibt). Die Genetiker möchten nämlich vor allem eines: die Frage nach der Zahl der Gene in einer Zelle beantworten können, und damit stehen sie dort, wo Einstein die Physik im Jahre 1905 abholte, als er ihr zeigte, wie man Atome zählen kann. Mit anderen Worten, die Biologie bereitet sich vielleicht gerade darauf vor, die Reise in die Abstraktion anzutreten, die Physik und Kunst schon hinter sich gebracht haben, wobei es natürlich spannend sein wird, zu verfolgen, was aus einer Biologie wird, die Gene zählen kann, wenn mit ihr dasselbe passiert wie mit der Physik, nachdem sie die Atome zählen konnte. Welche Reise muß der imaginäre Heisenberg der Genbiologie antreten, um den Ort zu finden, von dem aus die organische Natur so abstrakt verstanden werden kann wie ihre anorganische Vorgabe?

Die reale Heisenberg der Atomphysik hat sich mehrfach über »die Abstraktion in den modernen Naturwissenschaften« geäußert, und die Texte sind in den *Allgemeinverständlichen Schriften* nachlesbar, die in den 1980er Jahren erschienen sind.[51] Als Anmerkung soll an dieser Stelle hinzugefügt werden, daß der Titel *Allgemeinverständliche Schriften* zwar korrekt gewählt und sicher auch ermutigend gemeint ist (und dem Verlag großer Dank für diese Pioniertat gebührt), daß er aber vielleicht eher das Gegenteil bewirkt, denn weder Physiker noch Philosophen interessieren sich für Texte, wenn sie »allgemeinverständlich« heißen. Beide rechnen nämlich damit, hier so etwas wie »Physik leicht gemacht« präsentiert zu bekommen, und sie registrieren nicht, daß Heisenbergs Schriften die Innenansicht eines Genies darstellen, das sich zudem als Meister der klaren Sprache erweist, von deren Leichtigkeit man nicht auf das Gewicht der Gedanken schließen darf.

Wer wissen will, wie es in der Wissenschaft – in einem führenden Kopf der Wissenschaft – aussieht, hat die Gelegenheit, dies bei Heisenberg zu finden, der nur von solchen Dingen spricht, die er selbst im Detail verstanden und nicht nur nebenbei erkundet hat. Das gilt besonders für das Thema der Abstraktheit, dem er attestiert, für den »befremdenden Charakter« der modernen Wissenschaft zuständig zu sein. Er tut das, bevor er uns versichert, daß die Forscher dabei keine Wahl haben. In Heisenbergs Augen müssen sich die Wissenschaftler von der Sphäre des Anschaulichen verabschieden, weil sie dabei »offenbar einem inneren Zwang gehorchen«.

Und das gilt nicht nur für Wissenschaftler, sondern auch für Künstler. Sie unterliegen ganz sicher einer vergleichbaren inneren Notwendigkeit, was die Frage dringlicher macht, ob sich für dieses grundlegende Geschehen eine Begründung geben oder finden läßt.

Ein Hinweis hat sich vielleicht im 19. Jahrhundert gezeigt, als Astronomen zum ersten Mal die Einsicht gelang, daß die vielen Sterne, die sich nachts am Himmel zeigen, nicht nur zufällig verteilte Flecken sind, wie sie beim Verschütten von Milch zustande kommen. Die Milchstraße, die ihren Namen von dieser Vorstellung bekommen hat – das griechische Wort »Galaxie« hat die gleiche Bedeutung –, präsentiert sich in ihrer physikalischen Wirklichkeit durch die wundersame Form der Spirale. Was also in einer Sternennacht für die Augen zu sehen ist, die nach ästhetisch reizvollen Grundmustern suchen, kennen wir als die sich schneckenförmig windenden Linien, die als Spiralen sowohl in der unbelebten als auch in der belebten Natur als Grundmuster zu finden sind und ein Fest für mathematisch versierte Menschen ergeben. Und nicht nur das – Spiralen tauchen als Ornamente und Verzierungen bereits in vor- und frühgeschichtlichen Kulturen Europas auf und sie lassen sich auch in asiatischen Keramiken nachweisen, die Jahrtausende vor Christus angefertigt worden sind.

Die bekanntesten Spiralen der klassischen Moderne hat Vincent van Gogh an den Himmel gemalt, die seine *Sternennacht* von 1889 zeigen. Die dynamischen Muster wirkten zwar auf seine Zeitgenossen abschreckend, schließlich sah der Himmel für sie nicht so aus. Doch van Gogh malte schon damals die Welt nicht so, wie man sie sieht, sondern so, wie sie – nach dem Stand des astronomischen Wissens – war. Die abstrakte Form ist höchst real. Die Wirklichkeit zeigt sich – zeigte der Künstler – in der Abstraktion, und so geschieht es auch in der Wissenschaft, wie sie von Einstein und Heisenberg geformt und entwickelt wurde.

Heisenberg verstand unter Abstraktion »die Möglichkeit, einen Gegenstand oder eine Gruppe von Gegenständen unter *einem* Gesichtspunkt … zu betrachten«[52], und zwar unter Absehen von allen anderen Eigenschaften der Gegenstände. Er sprach seine Ansicht aus, daß es sehr früh in der Geschichte der Menschen die unvermeidliche Neigung zur Abstraktion gegeben habe, schließlich kennen wir schon seit Urzeiten (neben dem Muster der Spirale) das Konzept der Zahl bzw. des Zählens. »Mit dem Zählen ist offenbar ein entscheidender Schritt in die Abstraktion getan, mit ihr kann der Weg in die Mathematik und in die mathematische Naturwissenschaft betreten werden.«

Wenn man statt Mathematik Geometrie sagt und die Figuren dieser Wissenschaft – Kreise, Linien, Quadrate, Würfel, Spiralen – gleichberechtigt neben die Zahlen stellt, sehen wir zum einen, wie weit die Wurzeln der abstrakten Malerei zurückreichen, und verstehen zum zweiten, warum in der kubistischen Kunst mehr die Formen und in der relativistischen Physik mehr die Formeln die in beiden Bereichen erreichte Höhe der Abstraktion markieren.

Bleiben wir bei den Zahlen. Ihr Beispiel dient Heisenberg dazu, einen oft übersehenen Aspekt der Abstraktion anzusprechen, der für die Geschichte des Forschens fast mehr Bedeutung hat als die Denkleistung, mit der sie beginnen konnte. Gemeint ist, das, was Heisenberg vorschlägt, als »Entfaltung abstrakter Strukturen« zu bezeichnen. Damit meint er die Tatsache, daß einmal geschaffene Gegebenheiten unter dem Zugriff des menschlichen Geistes und seiner kreativen Phantasie ein eigenes Leben erhalten. Die durch Abstraktion gewonnenen Begriffe erweisen sich im Vollzug der Entfaltung »als viel reichhaltiger und fruchtbarer, als man ihnen zunächst ansehen kann«. Sie entwickeln eine »selbständig ordnende Kraft«, führen zur »Bildung neuer Formen und Begriffe« und bewähren sich bei dem Versuch, »die Welt der Erscheinungen zu verstehen«.

Die Idee der Entfaltung kann auch auf andere Aspekte des Wirklichen übertragen werden, denn was sich vor unseren Augen abspielt, sind nicht die Naturgesetze selbst, sondern ihre Entfaltung. Und wenn wir sagen, daß Lebewesen von Genen abhängen und Erbmolekülen ihre Eigenschaften verdanken, dann kann dies nur so verstanden werden, daß wir in einem Organismus die Entfaltung seiner Gene bzw. seines Erbmaterials erleben. Und was die gesamte Natur angeht, so sind die uns bekannten Gesetze weder die ganze Wirklichkeit noch das ganze Leben. Beides entsteht erst im Verlauf der Entfaltung, die von den Gesetzen aus möglich ist, und um diesen bildenden Vorgang zu verstehen, müssen andere Methoden eingesetzt werden als diejenigen, die beim Suchen der Gesetze zum Tragen kommen. Die Entfaltung der Naturgesetze kann mit Hilfe der Mathematik verfolgt werden, und die Wirkung der Gene mit Hilfe der Wissenschaft namens Biochemie.

Ohne das biochemische Geschehen passiert mit Genen gar nichts, was oft übersehen wird, vor allem von denen, sie sich Sorgen über ein deterministisches Festlegen von Natur oder Mensch machen. Sie können mit dem Hinweis beruhigt werden, daß die in Genen gegebenen Gesetze sich erst entfalten müssen, bevor sie zu einem humanen Willensakt werden. Diese Umwandlung vollzieht sich sicher nicht regellos, aber ebensowenig am Gängelband der Gene und ihrer Gesetze. Der aktuelle Stand der Wissenschaft läßt sehr viel Spielraum für noch mehr Variationen, die dem handelnden Menschen und seinen Wünschen offenstehen.

Noch weniger als über die Entfaltung der Gene im Verlauf unserer Lebensgeschichte wissen wir über die Entfaltung der Abstraktionen im Verlauf unserer Kulturgeschichte. Wir wissen nur, daß es so etwas wie eine innere Notwendigkeit gibt, über die konkreten Vorgaben hinaus weiterzufragen. Dies hat nicht nur Heisenberg betont, der den Zwang aus eigenem Erleben kennt. Dies findet sich auch bei Heisenbergs großem Vorbild Goethe, der sich um naturwissenschaftlichen Abstraktionen bemüht hat, als er die vielfach mißverstandenen und abwegig wirkenden Konzepte wie »Urpflanze« und »Urphänomen« ins Spiel brachte, um die Entwicklung des Lebendigen zu begreifen.

Goethe unternahm mit Hilfe dieser Begriffsbildung den Versuch, ein allgemeines Gesetz zu formulieren, mit dem die Bildung und Umbildung der Lebensformen zu erklären bzw. zu verstehen ist. »Verstehen« bedeutete zu Beginn des 19. Jahrhunderts – im Rahmen einer romantischen

Naturphilosophie –, das zu deutende Geschehen auf ein einfaches, einheitliches Prinzip zurückzuführen. Dafür benutzte man gern den Begriff des »Urphänomens«, an dem sich auch Goethe orientierte.

Die Teilung stellte für Goethe solch ein »Urphänomen« dar, was genauer meinte, »die Teilung in zwei, welche durch abermalige Teilung immer größere Vielheit hervorbringt«. Das Wunderbare der modernen Genetik besteht darin, konkret gefunden zu haben, was »die Teilung in zwei« beherrscht. Es ist die bereits erwähnte Doppelhelix, die nicht nur nebenbei die Form einer aufsteigenden Spirale zeigt. Von dieser Struktur (einer Urform) geht die Gestaltungskraft für den Bau eines Organismus aus. Das spiralig kletternde Erbmolekül ist dabei erschaffene und erschaffende Natur zugleich und somit das Urphänomen im Zentrum des Lebens. Entsprechend ist ein Gen das Urgebilde, das sich selbst hervorbringt, das immer zugleich etwas ist und sein Gegenstück werden läßt.

Doch so klar das Ziel eines Urphänomens, einer Urform oder einer Urpflanze auch ist – Goethe wußte natürlich auch, daß damit die Notwendigkeit, weiterzufragen und weiterzusuchen nicht verschwindet und der Weg in die Abstraktion unvermeidlich wird. Es heißt daher eher bedauernd in seiner *Farbenlehre:* »Wäre denn aber auch ein solches Urphänomen gefunden, so bleibt immer noch das Übel, daß man es nicht als ein solches anerkennen will, daß wir hinter ihm und über ihm noch etwas Weiteres aufsuchen, da wir doch hier die Grenze des Schauens eingestehen sollen.«

Goethe will offenbar die nächste Stufe der Abstraktion vermeiden, aber er weiß auch, daß sich die Menschen nicht aufhalten lassen und nach dem Raum der sinnlichen Erfahrung in den Bereich des konstruktiven Denkens vordringen werden, in dem sie sich zuletzt ohne Anschauung und ohne einen Blick auf die Phänomene orientieren. Diese Sphäre ist Goethe bekanntlich fremd geblieben, und in gewisser Weise haben auch Picasso und Einstein sich hier nicht wohlgefühlt. Beide sind vor der rigorosen Erkundung zurückgeschreckt, die nach ihnen kam, und zwar ganz unvermeidlich aus demselben inneren Drang heraus, der ihren revolutionären Schritten zugrunde lag.

6 Am Grund der Formen

Die ganze Welt im Kopf

Am Ende seiner Betrachtungen über die Abstraktion geht Heisenberg der Frage nach, die auch wir verfolgen, nämlich wie sich die Ähnlichkeit erklären läßt, mit der sich sowohl in der Wissenschaft als auch in der Kunst die Entfaltung von abstrakten Strukturen vollzieht. Tatsächlich deutet Heisenberg viele Entwicklungen von Kunst und Wissenschaft mit Hilfe von Grundformen, wobei er weniger an deren Neuschöpfung und mehr an deren Entfaltung denkt. Die Grundformen sind ohne unser Zutun gegeben. Wir müssen sie nicht eigens erfinden, wir brauchen sie »nur« zu entdecken und dann versuchen, sie so weit wie möglich zu entfalten und wirksam werden zu lassen. Dabei und damit verändern sich und entwickeln wir Kunst und Wissenschaft.

Der Ausdruck des Entdeckens von Grundformen, so wie Heisenberg ihn gebraucht, könnte mißverständlich sein. Denn natürlich entdeckt man Urmuster dieser Art nicht außen in der Welt, so wie Kolumbus etwa einen neuen Kontinent entdeckte, den man später Amerika nannte, oder wie Kinder die Ostereier entdecken, die Eltern unter einem Teller versteckt haben. Grundformen werden innen – in unserem Inneren – entdeckt, und diesen Vorgang bezeichnet unser Hausverstand gerade durch das Wort, das Heisenberg vermeiden will, nämlich »erfinden«. Deshalb kann Einstein sagen, daß seine Theorien und Begriffsbildungen seine »freien Erfindungen« sind, und deshalb läßt sich Picasso mit dem Satz zitieren, »Ich suche nicht, ich finde.«[53] Deshalb kann man heute die Doppelhelix entdecken – ein Student etwa in einem Lehrbuch der Molekularbiologie –, aber ihre ursprünglichen »Entdecker« haben sie erfunden. Tatsächlich müssen wir alle Grundformen in uns finden, wie Heisenberg zwar nicht ausdrücklich schreibt, wie hier aber zunächst der Deutlichkeit halber festgehalten und gleich noch weiter verfolgt werden soll.

Unabhängig davon gilt, was Heisenberg weiter zu sagen hat, wenn er die beiden Errungenschaften vergleicht, um die es uns auch geht und die zu jeder großen Entdeckung gemeinsam beitragen: »Die Grundformen besitzen eine echte Objektivität. In der Naturwissenschaft müssen sie die Wirklichkeit darstellen, in der Kunst den Lebensinhalt der betreffenden Epoche aussprechen.«

Heisenberg geht auf den Unterschied zwischen den beiden Formen der menschlichen Kultur noch genauer ein: »Jede Naturwissenschaft wäre wertlos, deren Behauptungen nicht an der Natur beobachtend nachgeprüft werden könnten; jede Kunst wäre wertlos, die die Menschen nicht mehr zu bewegen, ihnen den Sinn des Daseins nicht mehr zu erhellen vermöchte.«

Die Frage, ob die Abstraktion in der Kunst dasselbe erreichen kann wie in der Wissenschaft, nämlich durch den Verzicht »auf die unmittelbare Verbindung zum sinnlichen Erlebnis« die Möglichkeit zu bereiten, »die Einheit der Welt besser wiederzugeben«, als dies Künstler vorher konnten – diese Frage findet Heisenberg weniger wichtig als eine Erörterung der Möglichkeit, daß es Grenzen für die Reise in die Abstraktion gibt. Gibt es einen Punkt oder einen Augenblick, an dem die Menschen ihr nicht mehr folgen wollen und von dem an sie damit beginnen, sich von Kunst und Wissenschaft abzuwenden?

Seine Antwort kommt aus dem Christentum bzw. aus der Geschichte der Religion, in der sich auch die Neigung zur Abstraktion erkennen läßt. Niemand wird bestreiten, daß der Gott des jüdischen Glaubens abstrakter als die Naturgötter ist, deren Wirken unmittelbar erlebt wurde und die er ablösen sollte. Die Schwierigkeit des Gottessohnes bestand – Heisenberg zufolge – darin, sowohl die erreichte Stufe der Ablösung vom Gegenständlichen zu bewahren als auch darauf zu bestehen, »daß die Abstraktion sich nicht vom Leben lösen dürfe, daß die Menschen sich dem Wirken der Gottheit in der Welt unmittelbar stellen müssen, auch wenn es keine verständlichen Bilder Gottes mehr gibt«, wie Heisenberg schreibt, wobei er gleich hinzufügt, »daß damit die Hauptschwierigkeit aller Abstraktion bezeichnet wird«. Die moderne Naturwissenschaft kommt bis heute nicht mit ihr zurecht. Wer für ihre Verständlichkeit – ihr Verstehen – sorgen will, muß keinen Rummelplatz mit Showeinlagen und TV-Prominenten einrichten, wie es die Funktionäre der Forschung mit Hilfe der Politik tun, sondern an dieser Stelle ansetzen.

Archetypisches

Also: Die Fortschritte der Naturwissenschaften in dem hier angebotenen Rahmen kommen erstens durch das Auffinden von Grundformen und zweitens durch deren Entfaltung zustande. Es ist ohne ideologische Festlegung möglich, die Grundformen auch als Archetypen zu bezeichnen; dieser uralte Ausdruck stammt aus der griechischen Sprache und bedeutet wörtlich »Urbild« oder »das zuerst Geprägte«. Wer Archetypisches erkundet, wird wissen, daß der seit vielen Jahrhunderten gebräuchliche und weitverbreitete Ausdruck nach dem Wirken des Psychologen Carl Gustav Jung (1875–1961) mehr mit dem Denken seiner Schule verbunden ist. Er wird dadurch aber weder verwaschen noch unscharf und zudem kaum eingeengt. Das Archetypische wird – im Gegenteil – bei Jung elegant präzisiert. Er liefert nämlich eine genauere Ortsbestimmung der alten Idee, die sich durch die Kulturgeschichte hindurch gehalten hat und somit ein Beispiel für das ist, was sie feststellt und ausdrückt. Während vor Jung der Archetypus als Urbild oder Urform der Denkens irgendwo in der geistigen Sphäre angesiedelt wurde und alle möglichen Aufgaben übernehmen konnte – falls jemand danach fragte –, schlägt Jung vor, sie als Komponenten des Wissensschatzes zu verstehen, der uns Menschen unbewußt zur Verfügung steht. Jung spricht vom kollektiven Unbewußten, das nicht nur bevorzugten Individuen, sondern allen Mitgliedern unserer Art zu eigen ist. Da der Begriff des Kollektivs uns vom Licht her vertraut ist, ergibt sich an dieser Stelle die Möglichkeit, aus der Ununterscheidbarkeit der Photonen auf die Ununterscheidbarkeit der Wissenselemente zu schließen. Mit anderen Worten: Wir alle können dasselbe wissen (wobei naturgemäß an dieser Stelle fraglich bleibt, wie dieses Ziel erreicht werden kann).

Wenn etwas allgemein verbreitet ist, macht einem naturwissenschaftlich orientierten Psychologen der Gedanke keine Mühe, bei solch einer universalen Qualität an eine genetische Grundlage zu denken. Natürlich kennt niemand eine derartige Basis im molekularen Detail, und jeder Versuch, nach einem für einen Archetypus zuständigen Gen zu suchen, muß beim heutigen Stand der Forschung als zumindest hoffnungslos und vielleicht sogar als albern empfunden werden. Trotzdem macht der Vorschlag Sinn, in den archetypischen Strukturen des unbewußten Wissens den Niederschlag der Erfahrungen zu sehen, die Generationen von Menschen vor uns gemacht und in sich versammelt haben. Unter dieser Vorgabe können Archetypen (Grundformen, Urbilder) als vererbte Dispositionen der menschlichen Vorstellungskraft betrachtet werden, »die sich im kollektiven Unbewußten in einem Zustand potentieller Bereitschaft befinden und deren Aktualisierung oder Bewußtmachung in besonderen Situationen wie Traum, Phantasie, Vision, auch im Märchen und Mythos, in Form von Symbolen erfolgt«. So steht es im Brockhaus unter dem Stichwort »Archetypus«, und so macht das Konzept Sinn für den hier verhandelten Zusammenhang. Aus dieser Sicht erkennen wir in dem Augenblick etwas, wenn wir an diese inneren Grundformen herankommen – »wenn wir sie entdecken«, wie Heisenberg sagen würde, »wenn wir sie finden«, wie Jung sagen würde, »wenn wir sie erfinden«, wie Einstein sagen würde. Aus dieser Sicht verstehen wir, was ein anderer erkannt hat, wenn er oder jemand anderer uns einen Weg zeigt, auf dem wir ihm folgen, um Zugang zu den erst von ihm gefundenen und dann gezielt von uns angesteuerten Urbildern zu finden. Und aus dieser Sicht spricht uns ein Kunstwerk an, wenn die auf ihm erkennbaren Gestaltungen und Musterungen uns so anregen oder erregen, daß unser Sehen die in uns steckenden Urformen erst finden und dann bewußt machen kann. Diese urtümlichen und abstrakten Bildformen müssen vorhanden sein, da sie zu unserem Erbe gehören und unseren Erkenntniswillen in Bereitschaft halten.

Eine derartige Darstellung der Prozesse, die zu einer Einsicht in Naturerscheinungen führt, findet sich zum ersten Mal in aller Klarheit in dem Werk von Johannes Kepler, also gleich zu Beginn der Neuzeit, als die Grundlagen für das Entstehen der exakten Naturwissenschaften so zu werden anfangen, wie wir sie heute kennen. In seinem Hauptwerk *Harmonices mundi,* das von den Harmonien der Welt handelt und eine Musik der Sphären annimmt, schreibt Kepler: »Erkennen heißt, das äußerlich Wahrgenommene mit den inneren Ideen zusammenbringen und ihre Übereinstimmung beurteilen, was [man] sehr schön ausgedrückt hat mit dem Wort ›Erwachen‹ wie bei einem Schlaf. Wie nämlich das uns außen Begegnende uns erinnern macht an das, was wir vorher wußten, so locken die Sinneserfahrungen, wenn sie erkannt werden, die intellektuellen und innen vorhandenen Gegebenheiten hervor, so daß sie dann in der Seele aufleuchten, während sie vorher wie verschleiert *in potentia* dort verborgen waren.«[54]

Die »innen vorhandenen Gegebenheiten« nennt Kepler an anderer Stelle Archetypen, und er geht auch auf die Frage ein, wie die archetypischen Grundformen in die Seele hineingekommen sind. Seine Antwort kommt zwar eher lapidar und nebenbei daher, erweist sich aber als bemerkenswert modern. Kepler meint nämlich, daß uns die Archetypen »mit eingeboren sind wie den Pflanzenformen die Zahl der Blätter«. In der modernen Zeit, in der einem die Idee einer biologischen Evolution vertraut ist und man sich bemüht, sogar eine Evolution der Erkenntnis nachzuweisen, dürfte es nicht schwerfallen, sich eine archetypische »Ahnenreihe« vorzustellen, die sich von einfachen Anfängen zu den komplizierten Urbildern entfaltet, die wir in der Tiefe der Seele bewahren und die unser Denken von dort beeinflussen.

Wenn von solchen Urbildern oder Grundformen die Rede ist, besteht die Gefahr, es bei solchen abstrakten Bekundungen zu belassen, ohne konkret zu werden. Es ist natürlich schwierig, die archetypischen Bilder näher zu benennen oder im präzisen Detail zu bezeichnen, denn sie strukturieren den unbewußten Teil unseres Vermögens an Kenntnissen, und so können wir nur von ihnen sprechen, nachdem sie in bewußtes Wissen verwandelt worden sind. Wir können sicher nicht – vor allem nicht in dem hier gespannten Rahmen – Archetypen so genau ausloten, wie es mit materiellen Objekten möglich ist, aber wir können allgemein nach kulturell und historisch durchgehenden Konstanten des Denkens und Welterfassens Ausschau halten und in ihnen archetypische Anlagen finden.

Eine Urform des Verstehens steckt in dem, was heutige Physiker gern Elementarteilchen nennen. In der Antike ist für solche Einheiten der Begriff des Atoms entstanden, dessen Bedeutung längst überholt ist. Schließlich sind Atome nicht nur spaltbar, sie bestehen auch aus deutlich unterscheidbaren Teilen, die im alltäglichen Sprachgebrauch Kern und Schale heißen (eine Zweiteilung, die nicht nur in der Physik verbreitet ist, sondern wie die duale Beschreibung einer Person klingt). Atome sind also teilbar, was die Frage zuläßt, warum wir an dem falschen Wort festhalten?

Eine Antwort besteht in der Möglichkeit, Atome als etwas Archetypisches zu deuten. Es wird also immer irgendwo für unser Denken Atome geben, was ja auch der Fall ist. Als die Physiker das alte Atom der Antike aufteilen konnten, tauchte etwas anderes Unteilbares auf, nämlich das Quantum der Wirkung und mit ihm die Einheit aus einem Beobachter und dem von ihm anvisierten Gegenstand. Bekanntlich sind Quanten nicht zu halbieren oder anders zu zerkleinern, und ihre Existenz sorgt dafür, daß ein Subjekt und das von ihm Beobachtete eine untrennbare Einheit – das neue Atom – bilden. Atome drängen sich in unser Denken, denn es wird zum Beispiel aufgefallen sein, daß Soziologen von der Atomisierung der Menschen sprechen, wenn sie auf die zunehmende Zahl von Singles hinweisen wollen, die ohne Familien leben und die letzte (unteilbare) Einheit der Gesellschaft bilden.

Wenn das Wort »Atom« fällt, versteht längst jeder auch ohne Erklärung, was gemeint ist, und vielleicht könnte man dadurch archetypische Konzepte finden oder definieren, daß man Begriffe sucht, die ohne Erläuterung akzeptiert werden und Eingang in den allgemeinen Sprachgebrauch gefunden haben. »Energie« ist solch ein Beispiel, wobei dieser ursprünglich in die Wärmelehre (Thermodynamik) eingeführte Begriff seiner formalen Definition nach um keinen Deut komplizierter als das ist, das Physiker mit Begriffen wie »Entropie« oder »Enthalpie« meinen. Das Wort »Energie« erreicht etwas in einer Seele, während die anderen Begriffe ausgeschlossen bleiben, genauer, zunächst ausgeschlossen bleiben. Tatsächlich kann der anschauliche Umgang mit der Entropie gelernt werden, die als zweite Grundgröße neben die Energie tritt, um mit ihr zusammen die Möglichkeit von Maschinen abzustecken, effektiv Arbeit zu leisten.

Physiker kennen sowohl für die Energie als auch die Entropie jeweils einen sogenannten Hauptsatz. Er sagt für die Energie, daß sie unzerstörbar bleibt, auch wenn sie verschiedene Formen annehmen und sich als Wärme, Bewegung oder Anspannung zeigen kann. Und er lautet für die Entropie, daß sie ständig wächst. Physiker deuten diese Größe daher entweder als Unordnung eines Systems oder als dessen Vorrat von Zufälligkeiten, der nach und nach verbraucht wird, wobei alles erstarrt, wenn diese Situation eingetreten ist. Wer sowohl mit der Energie als auch mit der Entropie rechnet – wörtlich verstanden –, wer also diese beiden Parameter der Wissenschaft ständig im Kopf bewegt, wird mit beiden Konzepten eines Tages so selbstverständlich umgehen wie anderweitig tätige Menschen es nur mit der Energie vermögen.

Innere Bilder sehen

Es ist keine Frage – was sich Menschen leicht vorstellen bzw. ausmalen können, wovon sie sich also ein (inneres) Bild machen können, hängt nicht nur von genetischen Vorgaben, sondern auch von den Aufgaben und Einflüssen ab, denen man sich im Beruf stellen muß. Die Grenzen, die sich dabei finden und abstecken lassen, können noch vielfältig untersucht werden. Wir wollen uns an dieser Stelle solchen zuwenden, die zum einen schon weitgehend bekannt sind und die zum zweiten relevant für die geometrische Erfassung der Wirklichkeit sind, um die es bei Einstein und Picasso gegangen ist.

Beim Stichwort Geometrie fällt vielen von uns trotz aller relativistischen Licht- und Raumkrümmung zunächst das Konzept konzentrischer Kreise, gerader Linien und scharfer Winkel ein. Die damit möglichen Konstruktionen von Dreiecken, Rechtecken, Pyramiden, Würfeln und anderen eleganten Formen wurde von Kepler in ihrer Wirkung als archetypisch angesehen: »Die Geometrie ist das Urbild der Schönheit«, lautet sein berühmter Satz in der traditionellen Übersetzung. Kepler hat den Gedanken ursprünglich auf lateinisch formuliert, und in dieser Sprache lautet er: »Geometria est archetypus pulchritudinis mundi.«

Daß geometrische Formen tatsächlich urtümlich faszinierend auf uns wirken, hat Picasso von afrikanischen Masken gelernt, die ihm zu Beginn des 20. Jahrhunderts in Paris zu Gesicht gekommen sind. Seine Umsetzung dieser Seherfahrung in kubistische Bilder erlaubt die biologische Fragestellung, was unser visuelles System an solchen Linien, Kanten und Würfeln lockt, wo es doch in der Natur ganz etwas anderes gewohnt ist, nämlich hochgradig verzwirbelte Umrisse und nirgends glatte Ränder. Die Äste von Bäumen ragen nicht wie die Begrenzungen von Parallelogrammen in den Himmel, und Wolken sehen nie wie Ellipsen oder Zylinder aus. Warum lockt uns im Bild, was so anders ist als die Natur, der es gegenübertritt?

Die Antwort steckt in der rätselhaften Tiefe unseres Kopfes, wie die Neurobiologie in den Jahren nach dem Zweiten Weltkrieg zum ersten Mal bemerkt und inzwischen in vielen Details erkundet hat. Der für das Sehen zuständige Teil unseres Gehirns – die Sehrinde – reagiert nämlich vor allem dann, wenn dem Auge geometrische Konfigurationen angeboten werden, wenn Licht von Kreisen, Ringen, Linien, Kanten, Winkeln und ähnlichen Konstellationen auf die Netzhaut fällt. Die im Experiment feststellbare Aktivität in den für die Aufnahme und Verarbeitung visueller Reizungen zuständigen Nervenzellen ist genau dann am größten, wenn sie etwas registrieren, das nicht so gezackt und gekrümmt verläuft, wie wir es von den Formen der Natur her kennen. Unsere innere Erregung – physiologisch verstanden – wird gerade andersherum dann besonders stark, wenn wir etwas zu sehen bekommen, das so gerade ist wie die Formen der euklidischen Geometrie. Cézanne hat also genau durchschaut, was bei seiner Naturbeobachtung passiert. Er sah tatsächlich keinen Baum, sondern Linien, Kanten, Flächen und all die Schattierungen und Farbtöne, die damit einhergehen.

Die glatte, gerade Geometrie ist tatsächlich so fest in uns eingeschrieben, daß wir ihr den Status eines Archetypus zuweisen können, und dessen Macht hat sich sogar beim kritischsten aller Philosophen gezeigt, bei Immanuel Kant. Unser Nervensystem sieht am liebsten gerade Linien und scharf begrenzte Dreiecke und Würfel, und so denken wir, daß dies das Grundmuster der Welt ist. Weil unser Gehirn am stärksten reagiert und unsere ganze Aufmerksamkeit beansprucht, wenn es Euklidisches sieht, denken wir leichtfertig, daß die Welt so sein muß, und es brauchte jemanden wie Einstein, der sich nicht von ratternden Neuronen in der Sehrinde täuschen ließ und weiter sah. Die Rätselfrage, die sich jetzt stellt – Wie konnte ihm dies gelingen? –, stellen wir hier als Herausforderung für einen interdisziplinären Diskurs über die Frage vor, wie Erkenntnis möglich ist.

Hier verfolgen wir eine andere Spur im Gehirn, und zwar eine Spur, die nicht nur bei Einstein, sondern in jedem von uns zu finden ist und die uns einen weiteren Hinweis darauf gibt, wie die Lust an modernen Gemälden verstanden werden kann. Wenn oben gesagt wurde, daß beim Sehen die euklidischen Elemente Furore machen, dann heißt das nicht, daß etwa ein Dreieck auf einem Blatt Papier als Dreieck auf der Netzhaut abgebildet wird. Das Licht, das auf die empfindlichen und empfangsbereiten Zellen auf der Rückwand des Auges fällt, muß auf dem Weg dorthin ein Gestrüpp von anderen Zellen passieren, was bedeutet, daß auf der Retina nur so etwas wie verstreute Impressionen ankommen. Wer will, kann hierin die Technik des Malens erkennen, deren Name von diesem Wort ausgeht, und es ist ja auch in Anlehnung an Cézanne gesagt worden, daß der Impressionist Monet vor allen Dingen ein großes Auge war, weil er gemalt hat, was dort erscheint.

Für den Alltag stellt sich die Frage, wie aus den Lichtflecken die Information herausgeholt bzw. herausgefiltert werden kann, mit deren Hilfe das einfallende Licht zu dem Sehen werden kann, auf das es ankommt. Mit »Sehen« ist dabei ein erstes Erkennen gemeint, denn für das Lebewesen kommt es darauf an, sich in der Welt zu orientieren. Jeder muß sehen (erkennen) können, ob ein Gegenüber Freund oder Feind ist, ob ein Gegenstand Gefahr bedeutet oder nutzbar gemacht werden kann.

Wer verstehen will, was das Gehirn macht, wenn es uns etwas zeigt, muß vor allem erklären, wie es dem Nervensystem unter der Schädeldecke gelingt, der explizit zugänglichen Information – ein Stein, der auf mich zurollt – die nur implizit erkennbare Bedeutung – Lebensgefahr – zu geben, auf die es maßgeblich ankommt, um angemessen reagieren zu können.

Die Hirnforscher glaubten zunächst, das Problem locker lösen zu können. Als nämlich die obenerwähnten Neuronen der Sehrinde entdeckt wurden, die auf Kanten und Streifen reagieren, interpretierte die Forschergemeinde sie als Detektoren, die nach definierten Merkmalen suchten. Sie stellte sich weiter vor, daß diesen Detektoren andere nachgeschaltet waren, die immer weniger Information bekamen, die sich dafür mit immer mehr Bedeutung belegen konnten, bis zuletzt eine Nervenzelle erreicht wurde, die dem Gehirn anzeigte, was das Auge sah – ein Gesicht im

Abb. 16: EIN CARTOON VON EINSTEIN
(Sidney Harris)

allgemeinen oder gar das Gesicht der Großmutter im besonderen.

Das letzte Beispiel wurde gewählt, weil solche Überlegungen als »Theorie der Großmutterzelle« bekannt wurden, von der man heute überzeugt ist, daß sie nicht funktioniert. Der neue Versuch, den Schritt des Gehirns zum erkennenden Sehen zu erfassen, geht von zwei einfachen Tatsachen aus, die jeder leicht für sich verifizieren kann und die zur Kunst führen. Sie beginnen sogar mit der Kunst, denn – dies zum einen – die Zeichnung einer Szene, die nur aus Linien besteht, vermittelt die gleiche Gesamtinformation wie die Situation selbst (Abb. 16).

Wir erkennen bekannte Gesichter zum Beispiel oft an ganz wenigen Strichen, und so können wir dem Gehirn zubilligen, auch wie ein Künstler an die Sache bzw. an die Welt heranzugehen und zuerst einmal eine Skizze von ihr anzufertigen. Die Idee mit der Zeichnung liegt allein deshalb nahe, weil wir die Netzhaut als zweidimensionales Gebilde ansehen, und auf ihr trifft das erste Bild von der Welt auf (in doppelter Ausführung, eines rechts und eines links).

Zum zweiten können die Kantendetektoren gerade diese Aufgabe erfüllen, nämlich den Verlauf der Stellen angeben (oder nachzeichnen), an denen deutliche Wechsel von hell zu dunkel erfolgen. Man kann sich solch einen Übergang in einem Schaubild als ansteigende (oder abfallende) Kurve der Lichtintensität aufzeichnen und damit zufrieden sein, doch dann verpaßt man die wirkliche Qualität der Neuronen, die unserem Gehirn zur Verfügung stehen. Wir wollen ja nicht wissen, wo ungefähr die Helligkeit zu steigen (oder zu fallen) beginnt. Wir wollen genau erkennen, an welcher Stelle das Gesicht beginnt oder endet, das wir betrachten, und wir können das auch, wie der bereits vollzogene Blick auf die berühmte Mona Lisa von Leonardo da Vinci zeigt (S. 135).

Mit anderen Worten, einen verwischten Übergang von Licht zu Schatten verwandelt unser Gehirn in eine klar definierte Linie, und die Frage an die Wissenschaft, wie dies gelingen kann, überlassen wir an dieser Stelle den Fachleuten mit der Bemerkung, daß sie einleuchtende Lösungsvorschläge gemacht haben, die mit vielen mathematischen Raffinessen operieren. Auf die Details der Rechnungen zu verzichten erscheint auf den ersten Blick wie ein Nachteil, erweist sich aber als Vorteil. Wichtig ist nämlich, daß dieser Ansatz nicht steckenbleibt und es mit seiner Hilfe gelingen kann, von der Vorgabe einer primären Skizze ausgehend alle möglichen Formen der Natur – anorganische wie organische Gestalten – auf ein geometrisches Schema zurückzuführen.

Die Zerlegung beginnt mit der Zuordnung einer festen Orientierungsachse und greift auf Figuren zurück, die durch solch ein Zentralelement zu erfassen sind. Die Mathematiker sprechen von »generalisierten Kegeln«. Sie verstehen darunter Oberflächen, die durch die Bewegung einer geschlossenen Linie entlang einer Achse entstehen, wobei die Linie ihre Form behält und sich nicht sprunghaft ändert. Es mag auf den ersten Blick komisch aussehen, aber immerhin läßt sich auf diese Weise alles erfassen, was von Natur aus wächst, und auch alles, was von Menschen gebaut wird.[55]

Niemand wird behaupten, daß solche Kegel elegant wirken und etwa der menschlichen Gestalt adäquat Rechnung tragen. Aber der Versuch, die Wirklichkeit in geometrische Einheiten aufzulösen, um sie dadurch zu erkennen, kann auf diese Weise von der exakten Wissenschaft erfolgreich durchgeführt werden. Es wäre reizvoll, dieses quantitative Bemühen einmal mit dem qualitativen Vorgehen zu vergleichen, das aus der Geschichte der Malerei bekannt und als Kubismus berühmt ist. Wenn Picasso im Stil des analytischen Kubismus malt, unternimmt er tatsächlich eine formale Analyse des Darzustellenden, indem er die gezeigten Figuren und Gegenstände aus geometrischen Einzelkörpern zusammensetzt – wie es jedes Gehirn tut, wenn die Einsichten der Forschung zutreffen. Im Sinne der Neurowissenschaft scheinen die Maler nachzuschaffen, was das Gehirn vorführt bzw. vorlegt, und insgesamt könnte an dieser Stelle die Vermutung geäußert werden, daß uns abstrakte Kunstwerke dann gefallen, wenn sie einer Verarbeitungsstufe der visuellen Information entsprechen und sie insofern in uns ihren Platz gefunden haben.[56]

Wenn wir sagen, daß Kunst etwas in unserem Inneren erreichen und insofern archetypische Strukturen ansprechen muß, dann bedeutet dies nicht, daß es immer um geometrische Elemente geht. Ebenso wirkungsvoll zeigt sich der Archetypus der Zahl, wie erneut das Beispiel von Johannes Kepler zeigt. Für ihn spielt die Zahl Drei eine urtümliche Rolle, was sich aus seiner ausgeprägten christlichen Grundhaltung erklärt, gemäß der er einen dreieinigen (trinitären) Gott anbetet und ihm dient. Kepler sucht – und findet – die Dreizahl überall, und es ist sein Vertrauen in ihren Wert, der ihn an die neue Ordnung glauben läßt, die Kopernikus vorgestellt hat. Das heliozentrische System stellt für Kepler die Möglichkeit dar, in dem Sonnensystem das Werk des weisen Schöpfers zu erkennen:

»In erster Linie mußte die Natur jeglichen Dinges Gott, ihren Schöpfer darstellen. Als er daher die Körperwelt konzipierte, wählte er für sie eine Form, die ihm selbst so ähnlich als möglich war. So entstand die ganze Existenzform der Quantitäten und in ihr die Unterschiede des Geraden und Krummen und auch die herrlichste Form von allen, die Kugeloberfläche. Indem er nämlich diese formte, schuf der weise Schöpfer spielerisch das Abbild seiner verehrungswürdigen Trinität. Demnach ist der Mittelpunkt gleichsam der Ursprungsquell des sphärischen Körpers, die Oberfläche das Abbild des innersten Punktes und der Weg, denselben aufzufinden, und ferner das, was faßbar entsteht durch das unendliche Heraustreten des Punktes aus sich selbst bis zu einem gewissen Gleichmaß aller Einzelakte des Heraustretens, wobei sich der Punkt in solcher Ausdehnung mitteilt, daß Punkt und Oberfläche durch umgekehrte Proportion der Dichte mit der Ausdehnung gleich sein sollen. Demnach besteht allseitig zwischen Punkt und Oberfläche absoluteste Gleichheit, engstes Einssein, schönste Harmonie [lateinisch ›conspiratio‹, also wörtlich ›gemeinsamer Atem‹], Verbindung, Beziehung, Proportion und Maßgleichheit; und obschon es offensichtlich Drei sind: Zentrum, Oberfläche und Zwischenraum, so sind sie doch Eines, so daß keines nicht einmal als Gedachtes fehlen könnte, ohne daß das Ganze zerstört würde.«

Aus diesen und vielen ähnlichen Passagen von Kepler, vor allem aus seinem Hauptwerk *Harmonices mundi* von 1619, läßt sich mit Sicherheit zweierlei erkennen: Zum einen spielt bei ihm die (christlich geprägte) Drei eine entscheidende Rolle – im Gegensatz zur modernen Wissenschaft, die sich mehr an der (eher antiken und also heidnischen) Vierzahl orientiert, deren objektiv-psychologische Bedeutung uns noch beschäftigen wird. Dabei wird es darauf ankommen, den dazugehörenden archetypischen Hintergrund herauszuarbeiten, ohne einer harmlosen und wahrscheinlich willkürlichen Zahlenschwärmerei aufzusitzen. Zum zweiten wird in Keplers Texten deutlich, daß das symbolische Bild – etwa die Kugel und ihre Oberfläche – bei ihm der bewußten Formulierung eines Naturgesetzes vorangeht. Das heißt, es sind die symbolischen Bilder und archetypischen Vorstellungen, die ihn überhaupt erst zum Suchen nach den Naturgesetzen veranlassen, und es könnte sein, daß wir bei Kepler nur besser erkennen, was bei allen großen Naturforschern der Fall ist.

Bei Kepler läßt sich noch etwas anderes erkennen, nämlich, daß es möglich ist, sich aus dem Diktat des Archetypischen zu befreien. Denn trotz seiner religiös bedingten Überzeugung, daß der Herr Kugeln und Kreise am Himmel positioniert hat, erreicht ihn die Botschaft der Zahlen und Meßergebnisse. Sie besagt am Beispiel der Marsbahn, daß das Umlaufen der Sonne auch anders als zirkelförmig geschehen kann. Der Planet Mars – so zeigen es die Daten – bewegt sich auf einer Ellipse um unser Zentralgestirn, und Kepler vollzieht einen entscheidenden Schritt in Richtung Moderne. Er vertraut mehr sich und seinem Wissen als dem Glauben und seinen traditionellen Festlegungen. Und so wie Kepler den Kreis überwindet und die Ellipse findet, so überwindet Einstein das euklidische Muster und findet das, was Riemann dargestellt hat.

Keplers Berechnung der Kreisabweichung ändert nichts an seiner Überzeugung, daß sich in der Ordnung der Welt das »körperliche Abbild Gottes« zu erkennen gibt, und er konstruiert Dreiheiten, die neben die christliche Trinität Vater, Sohn und Heiliger Geist treten: Gott, Welt, Mensch ist eine, und Urbild, Abbild, Ebenbild ist eine zweite.

Zwar reagieren europäisch orientierte Menschen am Anfang des 21. Jahrhunderts eher skeptisch, wenn sie solche Kombinationen vernehmen; aber auch wenn wir die konkrete religiöse Anbindung unterlassen, finden wir in den gewohnten Darstellungen von Wirklichkeit eine Menge Trinität. Die Zeit etwa erfassen wir als Vergangenheit, Gegenwart und Zukunft; wir teilen das Gehirn in drei Teile ein, die man als Stamm-, Zwischen- und Großhirn bezeichnet; Darwins Gedanke der Evolution läßt sich auf die drei Größen Mutation, Selektion und Isolation zurückführen; wir gliedern die Geschichte in drei Abschnitte, die Antike, das Mittelalter und die Neuzeit; und der Philosoph Karl Popper unterscheidet drei Welten, um das Problem zu lösen, was der Geist und der Körper miteinander zu schaffen haben, wobei die Welt 1 voller physikalischer Objekte ist, die Welt 2 aus subjektiven Bewußtseinszuständen besteht und die Welt 3 die geistigen

Produkte der Menschen – ihre Gedanken und Werke – enthält.

Natürlich kennen wir auch viele Einteilungen auf der Basis der Zahl Vier, und damit sind nicht nur die Jahreszeiten oder die Taktunterteilungen (Viertel) der Musik gemeint. Vielmehr sagen die Physiker, daß es genau vier elementare Kräfte gibt, die vier elementare Strukturen zusammenhalten, und die Vierzahl der antiken Elemente (Feuer, Erde, Wasser, Luft) findet ihre Entsprechung in dem modernen Quartett aus Raum, Zeit, Energie und Materie, das die Welt ausmacht.

Die Drei und die Vier stehen sich gleichberechtigt gegenüber, was aber nicht verhindert, daß zu bestimmten Epochen die eine Zahl mehr Wirkung entfaltete und Aufmerksamkeit beanspruchte als die andere. Der Archetypus der Vier zeigte sich in der (heidnischen) Antike, als die Pythagoräer von der heiligen Vierzahl (Tetraktys) sprachen und die Ärzte Gesundheit über die Balance von vier Körpersäften erklärten. Der Archetypus der Drei tauchte dann in der (christlichen) Neuzeit bei Kepler auf, der damit erkennen ließ, wie sich das Denken seiner Nachfolger entwickelte. Tatsächlich ersinnt das 19. Jahrhundert seine Erklärungen auf der Dreierbasis, etwa wenn bei Helmholtz die drei Primärfarben (Rot, Grün, Blau) gesucht oder bei dem Briten Luke Howard die drei grundlegenden Wolkenkonfigurationen (Cirrus, Cumulus und Stratus) bestimmt werden. Insgesamt entsteht mit der klassischen Physik eine trinitaristische Wissenschaft, die neben dem Raumzeitkontinuum und der Energie Ausschau nach kausalen Verknüpfungen hält und sie in Gesetze faßt. Die Kausalität steht für sich allein. Der Rückgriff gilt als ausreichend, um das physikalische Geschehen zu erfassen – bis der Blick auf die Atome fällt. Hier zeigt sich etwas

Viertes, nämlich der Zufall, der bei den Atomen nicht mehr als Unkenntnis der Wissenschaftler verschleiert werden kann, sondern auf sein objektives Vorhandensein pocht.

Indem Einstein diesem Zufall die Anerkennung verweigert, bleibt er ein klassischer Physiker, so wie Picasso ein klassischer Künstler bleibt. Oben wurde gesagt, »daß die Abstraktion sich nicht vom Leben lösen dürfe«, und genau so denken Einstein und Picasso. Bei ihnen darf sich die Abstraktion weder vom Leben noch von den Dingen lösen, und so bleiben sie einer Welt verhaftet, die mehr in Dreiecken als in Quadraten denkt (vgl. Picassos kubistische Bilder aus dem Jahre 1911 in Abb. 11). Tatsächlich zeigen Picassos kubistische Bilder aus den Jahren vor dem Ersten Weltkrieg diese Konstruktion, während Mondrian sein Augenmerk in den 1920er Jahren den Vierecken zuwendet, mit denen sich heute am ehesten die Erinnerung an sein Werk verbindet, und Willi Baumeister malt genau im Jahre 1925, in dem die Quantenmechanik ihre erste Gestalt (durch Heisenberg) bekommt, ein Bild, das ausschließlich Rechtecke zeigt (*Flächenspannung,* 65 mal 46 cm, Öl und Sand auf Leinwand), und zwar zweimal vier Stück.

Die vierte Dimension

Im Titel dieses Buches lassen wir Einstein und Picasso ins Kino gehen, um dort die legendäre und vielfach angekündigte vierte Dimension in Form der Zeit zu erfahren. Tatsächlich enthalten die Bilder eines Films »Zeit-Substanz«, wie es Willi Baumeister in seiner Schrift über *Das Unbekannte in der Kunst* nennt, und der russische Regisseur Sergei Eisenstein, der Schöpfer des legendären Films *Panzerkreuzer Potemkin*, hat sich 1929 in seinem Text *Die vierte Dimension im Film* auf Einsteins Raumzeit bezogen und gemeint, Filmemachern stünde mit dem Kino ein neues Mittel der Wahrnehmung von Bewegung zur Verfügung, weshalb wir lernen müßten, uns in der entsprechenden raumzeitlichen Ausdehnung zu orientieren.[57]

Wir schließen uns gern der Auffassung des Philosophen Henri Bergson an, der vielleicht sogar um 1905/6 neben Picasso in einem Kino am Montmartre gesessen hat, daß menschliches Denken sich wie das Abspielen eines inneren Filmes vollzieht, wobei wir den Gedanken dahingehend erweitern, daß sich zwei solcher Rollen in uns drehen. Eine enthält – wie Kepler es darstellt – die äußeren Bilder, die uns sinnlich geliefert werden, und die zweite führt das vor, was die Seele hervorbringt, wenn wir bei dem alten Sprachbrauch bleiben dürfen, der auch in einer technisch-wissenschaftlichen Umwelt verstanden wird – schließlich stammt die Seele selbst aus dem Angebot der Archetypen, das sie beherbergt. Erst mit beiden Filmen besteht für uns die Möglichkeit, mit dem Verstehen zu beginnen. Es kann gelingen, wenn die Streifen wenigstens vorübergehend zur Deckung kommen, wenn das Außen ein Innen findet, das ihm entspricht und uns dabei das Glücksgefühl verschafft, nicht nur etwas zu sehen, sondern etwas einzusehen.

Wer etwas erkennen will, muß also zum einen die Bilder der Seele wecken und zum Laufen bringen, was man auch prosaischer durch den Ratschlag ausdrücken kann, sich eine Fragestellung immer wieder vorzunehmen und über sie so lange nachzudenken, bis diese bewußte Tätigkeit den unbewußten Schatz der inneren Bilder aufgewühlt hat und ihnen die Beine macht, die sie zum Laufen brauchen.

Am Anfang unseres denkenden Erkennens steht demnach nicht nur ein »malendes Schauen«, wie es der Physiker Wolfgang Pauli nach der Erkundung der archetypischen Grundlagen seiner Wissenschaft ausgedrückt hat.[58] Dieser Vorgang ist nur für das Fertigstellen der Einzelbilder zuständig, läßt aber leicht erklären, weshalb wir so gern in ein Museum gehen bzw. uns selbst gern künstlerisch betätigen. Wir sehen dabei, wie wir denken bzw. denken konnten, bevor uns die Begriffe diese Freiheit genommen und uns in definierte Bahnen gelenkt haben.

Das malende Schauen muß sehr rasch sehr viele Bilder generieren, was als zweiten Schritt deren Zählung nötig macht, wobei man diesen Vorgang auch Erzählung nennen könnte. So wie etwas, das wir in uns finden, unsere Erfindung wird, wird das, was wir in uns zählen, unsere Erzählung. Sie ist noch nicht die Erzählung, die wir sonst kennen und die aus Wörtern besteht, die hintereinander auf dem Papier stehen und gelesen werden können. Die erste Erzählung besteht aus den Bildern, die geordnet und nacheinander gezeigt werden und dabei den inneren Film ergeben, von dem oben die Rede war.

So oder so ähnlich könnte die vierte Dimension in uns und im Kino gemeint sein und ihre Rolle zu Beginn des 20. Jahrhunderts in Kunst und Wissenschaft entfaltet haben, die beide jetzt Raumzeiten kennen und zu zeigen versuchen. Doch ganz zufrieden macht dieser plausible Gedanke nicht, denn wenn wir die Archetypen bemühen, um sowohl unsere Erkenntnisfähigkeit als auch unsere Neigung zur Kunst und ihren Bildern zu verstehen, dann sollten diese Gegebenheiten nicht so kleinlich wie wir agieren und sich nicht nur an einer Stelle bemerkbar machen. Wenn wir in der Zeit leben, in der – ohne unseren Einfluß und frei von menschlicher Willkür – die bei Kepler etablierte archetypische Trinität ihre Kraft verliert und durch die alte Vierzahl ersetzt wird, dann versteht man auf der einen Seite, warum so viele Leute am Anfang der Moderne das Heraufkommen der vierten Dimension beschworen oder ihre Eroberung ankündigten. Wir wissen dann aber auch auf der anderen Seite, daß damit dem Denken ermöglicht wurde, eine Umstellung der gesamten Naturwissenschaft vorzunehmen, so wie es Kepler und Kollegen vor rund 400 Jahren getan haben.

Das Reden von der vierten Dimension meint nicht nur die Einbeziehung der Zeit als Aufgabe. Es meint auch die Notwendigkeit, der Kausalität einen gleichwertigen Partner an die Seite zu stellen. Daß die Naturbeschreibung so etwas braucht, hat sich nach den frühen Triumphen der Newtonschen Physik immer deutlicher im Verlauf des 19. Jahrhunderts gezeigt, als die Wissenschaft neben den deterministischen Gesetzen der englischen Art auch statistische Formen zulassen mußte. Die Gesetze der Wärmelehre können ebensowenig deterministisch werden wie die Regeln der Vererbung, und Darwins evolutionärer Gedanke handelt ebenfalls von Wahrscheinlichkeiten: Er sagt ja nicht voraus, wie die Lebensformen aussehen, die sich in einer Nische entwickeln. Er sagt nur, daß die Mitglieder einer Spezies die Möglichkeit haben, sich an eine gegebene Umwelt anzupassen, wobei ihre Chancen nicht zuletzt von zufälligen Varianten im Erbmaterial abhängen.

Mit dem 19. Jahrhundert hat nicht nur die industrielle Revolution ihre, sondern auch der Zufall seine Macht gezeigt. Sie wurde zum Beispiel schon früh und antizipierend von dem jungen Franz Schubert wahrgenommen, der im September 1816 in sein Tagebuch eintrug: »Der Mensch gleicht einem Balle, mit dem Zufalle und Leidenschaft spielen«, und hinzufügte: »Mir scheint dieser Satz außerordentlich wahr.«[59]

Die Aufgabe der Wissenschaft besteht heute darin, den massiv werdenden Zufall als vierten Faktor in die Beschreibung der Welt aufzunehmen, indem er gleichberechtigt neben die Raumzeit, die Energie und die Kausalität tritt. Das kann er nicht, wenn wir ihn nur als etwas behandeln, das sich entweder nicht berechnen oder nicht ausschalten läßt. Vielleicht sollte auf das Wort »Zufall« verzichtet werden, da es im Alltag mehrere Bedeutungen hat, die alle ihre Berechtigung haben. Der Zufall, daß eine Zahl beim Lotto gezogen wird, ist etwas anderes als der Zufall, daß sich zwei Freunde in einer fremden Stadt begegnen. Und dieser Zufall ist verschieden von dem Zufall, der dem Zerfall eines radioaktiven Atoms zugrunde liegt.

Wir versuchen keine raffinierte Definition des Zufalls, sondern halten uns an das Wort, das davon spricht, daß uns etwas zugefallen – sprich: gegeben – ist. Für so etwas können wir keine kausale Erklärung angeben, weil es sie nicht gibt. Wir meinen zwar, daß alles Zufällige durch »eine Menge verwickelter Ursachen« letztlich doch vollkommen erfaßt werden kann, wie es Poincaré einmal formuliert. Wir müssen aber irgendwann zur Kenntnis nehmen, daß etwas ohne Grund vorliegen kann, und genau das hat sich in der modernen Atomphysik vollzogen, ohne daß dies deutlich genug geworden wäre. Tatsächlich haben die Schöpfer der Quantenmechanik festgestellt, daß sie alles Mögliche erklären konnten, nur nicht, was sie am Ziel ihrer Bemühungen finden, nämlich die Form der Atome und damit die Form der Gegenstände.

Es war Werner Heisenberg, der dies in einem Vortrag explizit formulierte, in dem er sich über *Die Einheit der Natur bei Alexander von Humboldt und in der Gegenwart* äußerte.[60] Heisenberg erinnerte zunächst an einen Grundzug der Naturforschung bei Humboldt, dem es immer um die von Menschen erlebte Natur ging, der also ihre Einheit in der menschlichen Seele suchte (und fand). In Humboldts Naturbeschreibung steht die alte Wissenschaft von der Morphologie im Mittelpunkt, und die Verwandtschaft der Gestalten spielt bei ihm eine wesentliche Rolle. Humboldt studierte die Zusammenhänge zwischen verschiedenen Naturerscheinungen, dachte natürlich die Verbindungen von Ursache und Wirkung mit, gab sich aber auch dem Naturerlebnis hin, das ihm durch Anschauen ihrer Formen möglich wurde.

Zwar konzentrierte sich die Naturforschung nach Alexander von Humboldt mehr auf die kausale Erfassung der Natur – in Humboldts Todesjahr schlug Charles Darwin das evolutionäre Werden durch Mutation und Selektion vor –, und die Physik und ihre Naturgesetze schienen unbedingt und überall zu triumphieren. Doch nur, bis bei den Atomen eine Grenze erreicht wurde. Denn: »In dem Moment, in dem die Naturforscher beginnen, sich ernstlich mit der Physik der Atome zu befassen und zu versuchen, die chemischen Erscheinungen aus den Naturgesetzen im atomaren Bereich zu deuten, tritt auch die Morphologie, die Lehre von den Gestalten, wieder in ihre Rechte ein«, wie Heisenberg feststellte und festhielt. »Niels Bohr war der erste, der erkannte, daß mit jener Auffassung von Kausalität und Determinismus, die seit Newton als Grundlage jeder exakten objektiven Naturwissenschaft galt, das Verhalten der Atome nicht verstanden werden kann. … Die Stabilität der Atome, die sich z. B. darin äußert, daß ein chemisches Element nach allen möglichen chemischen oder physikalischen Prozessen schließlich immer wieder das gleiche Element bleibt und die gleichen

Eigenschaften aufweist, diese Stabilität könnte in der Newtonschen Physik nicht gedeutet werden. Hier braucht man die Persistenz von Gestalten, die Bohr mit seiner These von der Existenz stationärer Zustände postuliert hat.«

Mit anderen Worten: »Man kann die Stabilität der Atome nur verstehen, wenn man annimmt, daß immer wieder dieselben symmetrischen Gestalten der kleinsten Teile aus physikalischen Prozessen hervorgehen.« Sie fallen uns zu. Sie können von uns nur hingenommen und in dem Sinne verstanden werden. Sie können aber nicht erklärt werden.

Dieses Zufallen hat nicht viel mit dem Zufall zu tun, der Lottospielern und anderen Menschen im Alltag das Leben schwermacht. Es ist aber die Frage, wie sich aus ihm das vierte Element gewinnen läßt, das sich dann mit der Kausalität messen kann und unserem Verstehen der Wirklichkeit die vierte Dimension gibt, die uns offensteht.

Es ist der Vorschlag gemacht worden, dieses Zufallen, das sich ohne Ursache vollzieht, aus dem sich aber etwas Sinnvolles entwickeln kann, mit dem Wort »Synchronizität« zu bezeichnen. Synchron würden zwei Ereignisse oder Weltlinien heißen, wenn sie sich im Raum oder in der Zeit schneiden und dabei eine Wirkung spürbar wird. Genau das ist ja gemeint, wenn sich Einstein und Picasso im Kino treffen. Nach ihnen ist die Zeit neu. Sie muß sowohl anders gezählt als auch anders erzählt werden. Vielleicht könnte man daraus den Film machen, den beide hätten sehen wollen – und wir auch.

7 Innere und äußere Augen

Die neue Einheit

Es ist immer wieder gesagt worden, daß eine der Hauptschwierigkeiten, die das Verstehen von Wissenschaft bereitet, darin besteht, daß sie aufgehört hat, eine Einheit zu sein. Unter Einheit verstand man dabei so etwas wie die Physik Newtons, die alles auf einige mechanische Prinzipien zurückführte. Von solch einer Einheit träumte im 19. Jahrhundert noch Charles Darwin, der erwartete, daß man die Vielfalt der belebten Natur von ähnlich gearteten Gesetzen ableiten könnte, wobei er sich im letzten Satz seiner *Entstehung der Arten* noch hinzuzufügen beeilte, daß dies alles erst zur Wirkung komme, nachdem »der Schöpfer den Keim des Lebens« auf die Erde gebracht und ihm eine Form eingehaucht habe. Und im 20. Jahrhundert sind wir nicht von Büchern verschont geblieben, die uns eine ähnlich geartete *Einheit des Wissens* verkündeten, wie es etwa E. O. Wilson in seinem Buch mit diesem Titel getan hat.

Wer an solch eine einfache Einheit denkt, übersieht von Anfang an, daß sie eine Zweiheit war, nämlich die Zweiheit aus dem beobachtenden Menschen und der beobachteten Natur, die insofern streng eingehalten wurde, als das beschreibende Ich in der beschriebenen Welt nicht auftauchte – weder bei Newton noch bei Darwin oder Wilson.

Es scheint – nach den modernen Erfahrungen in vielen Bereichen – inzwischen sinnvoll zu sein, den Gedanken an eine Einheit, die irgendwie etwas Isoliertes ist, das allein und ganz auf sich gestellt ist, aufzugeben und ihn durch eine Einheit zu ersetzen, die erst mit einem Gegenüber entstehen kann. Das unteilbar gedachte Atom ist längst teilbar, aber es ist nicht verschwunden. An seine Stelle ist das getrennt wirkende Paar aus Atom und Mensch getreten, das selbst ist, was das Atom sein sollte, nämlich unteilbar. Die Welt und Ich, die beiden sind zu zweit, müssen miteinander in Kontakt treten, müssen Informationen und Energie austauschen. Welt und Ich – das ist keine Einheit, die einfach da ist, das ist eine Einheit, die immer wieder gemacht werden muß. Sie muß entstehen und gebildet werden, und zwar im Dialog, wie man sagen könnte, im Dialog mit dem anderen, der oder das einem gegenübertritt.

»Nichts ist ohne sein Gegenteil wahr«[61], schreibt Martin Walser in seiner Essaysammlung, und statt Gegenteil könnte man auch Gegenstück oder Gegenüber sagen. Die Einheit findet sich in der Zweiheit, die Physiker als Dualität kennen, ohne sie umfassend und unbedingt zu schätzen. Vor allem Einstein war nicht erfreut über die Unmöglichkeit, das Licht anders als in seiner doppelten Erscheinungsweise zu erfassen, nämlich als Welle und Teilchen. (Hierin steckt eine Aufgabe für Psychologen, Einsteins Denken zu verstehen, das eine persönliche Dualität erkennen läßt; Einstein führte nämlich das Leben eines vollkommen freien Menschen vor, ohne an den freien Willen zu glauben, und er wollte auch Gott keine Freiheit bei der Schaffung der Welt erlauben.)

Wir argumentieren in diesem Buch auf der Grundlage, daß die Einheit, die wir anstreben, eine Zweiheit ist und nur in dieser Form erfüllen kann, was wir dank unserer Sehnsucht nach ihr erwarten. Für dieses Denken der Einheit hat Niels Bohr den Namen der Komplementarität vorgeschlagen, mit dem ausgedrückt wird, daß die dialogische Einheit nicht durch zwei beliebige Gegendinge entsteht, sondern nur dann, wenn sich die beiden miteinander ringenden Parteien oberflächlich widersprechen und etwas Gegenteiliges zu tun oder auszudrücken scheinen.

Das Licht der Welt versteht man (nur), wenn man sowohl von Teilchen als auch von Wellen spricht. Das Licht im Kopf versteht man (nur), wenn man sowohl die bewußten Gedanken als auch deren unbewußte Quellen kennt. Einen Menschen versteht man (bestenfalls), wenn man ihn sowohl als Individuum als auch als Mitglied eines Kollektivs (Familie, Gesellschaft) kennt. Die Kultur der Menschen versteht man (bestenfalls), wenn man sowohl ihre Ausdrucksformen in der Kunst als auch in der Wissenschaft kennt oder kennenlernen möchte. Wer nur die Kunst versteht, versteht auch die Kunst nicht, und für die Wissenschaft gilt das gleiche.

In den aufgeführten Fällen ist es wichtig, daß niemals die Chance besteht, auf eine der beiden Seiten zu verzichten. Nichts kann ohne sein Gegenteil verstanden werden, wie man aus vielen Beispielen weiß (ohne daß man deswegen immer sofort wüßte, was das geeignete Gegenstück ist, mit dem man es im Dialog aufnehmen muß). Ein Ganzes versteht man nicht ohne seine Teile, und die Teile nur, wenn man das Ganze kennt, das sie ergeben sollen.

Es ist nicht schwer zu erraten, daß die Weltanschauung, die hier vertreten wird, unter der Rubrik »dualistisch« einzuordnen ist, was bedeutet, daß sie mit der Grundannahme von zwei Wirklichkeiten beginnt, für die es viele Namenspaare gibt (etwa Körper–Geist und Leib–Seele). Diese Vorgabe einer doppelten Welt macht in unseren Breiten und in unserem Jahrhundert zum einen deshalb Sinn, weil wir nach der historischen Epoche leben, die der Philosoph und Psychiater Karl Jaspers einmal die Achsenzeit genannt hat. Er meinte damit etwa die Zeitspanne, die sich zwischen den Jahren 800 und 300 vor Beginn der christlichen Zeitrechnung datieren läßt. In ihnen gelingt den Menschen in allen Kulturen (insbesondere in China, Indien und Griechenland) die bemerkenswerte und maßgebliche Entdeckung, die mit dem Begriff der Transzendenz gekennzeichnet wird. Der aus dem Lateinischen stammende Ausdruck meint wörtlich ein »Überschreiten«, und die Grenze, die wir dabei passieren, wird durch unsere sinnliche Erfahrung bestimmt. Seit der von Jaspers genannten Zeit rechnen Menschen mit Wirkungen im Diesseits, die aus einem (transzendenten) Jenseits kommen, und wenn die Analyse der Historiker stimmt, hat sich dieser selbst geheimnisvoll bleibende Wandel als Vorteil erwiesen. Denn es sind vor allem Kulturen mit einem eingeborenen (genetischen) Verstehen von Transzendenz, die sich in der Geschichte durchgesetzt haben, und die gute Nachricht ist, daß wir dazugehören. Wir sind also mit einer »Urgeschiedenheit« der Welt vertraut, wie der Philosoph Nicolai Hartmann »Transzendenz« einmal übersetzt hat, und wenn wir diese einsetzen, um zum Beispiel die Evolution des Menschen zu verstehen, können wir sagen, daß sich unser Gehirn so auf das jenseitige Licht hinentwickelt, wie es das Auge auf die diesseitig wirkenden Quanten hin getan hat.

Wir sehen also mit zwei Augenpaaren (was vier macht), mit äußeren und mit inneren Augen, so wie es zum ersten

Mal in der Epoche der Romantik ausgedrückt worden ist. Wir müssen beide aufmachen, um etwas zu sehen – so, wie es Einstein und Picasso taten –, im Kino und im Leben.

Eine Chronologie
Kunst und Wissenschaft bis zur Moderne

Zeit	Kunst und Gesellschaft	Wissenschaft
1859	Bau des Suezkanals beginnt	Darwin: *Von der Entstehung der Arten*
1864	Manet: *Olympia*	Maxwells Feldgleichungen, Theorie des Lichts
1869	Tolstoi: *Krieg und Frieden*	Mendeleev: Periodensystem der Elemente
1871	Jules Verne: *Zwanzigtausend Meilen unter dem Meer*	Helmholtz: *Optisches in der Malerei*
1874	1. Impressionistische Ausstellung	Kirchhoff: *Spektralanalyse der Elemente*
1879	Ibsen: *Nora*	Wundt: *Experimentelle Psychologie*
1884	Cézanne: *Mont Sainte Victoire*	Weismann: *Keimzellen und Körperzellen*
1889	Van Gogh: *Sternennacht*	Hertz sendet und empfängt Radiowellen
1895	Erfindung des Kinematographen	Röntgen entdeckt »unbekannte Strahlen«
1897	Tschechow: *Onkel Wanja*	Radioaktivität und Elektron entdeckt
1900	Haeckel: *Kunstformen der Natur*	Planck führt Wirkungsquantum ein
1902	Méliès: *Die Reise zum Mond*	Erstes Motorflugzeug (Gebrüder Wright)
1905	Picassos Rosa Periode	Einsteins Wunderjahr mit $E = mc^2$
1907	Cézanne-Retrospektive in Paris	Minkowskis Konzept der Raumzeit

1909	Marinetti: Manifest des Futurismus	Das »Gen« bekommt seinen Namen
1911	Erste Ausstellung Blauer Reiter	Ein erstes Planetenmodell des Atoms
1912	Delaunays Fensterbilder	Erste und letzte Fahrt der »Titanic«
1913	Strawinsky: *Sacre du Printemps*	Niels Bohrs schizophrenes Atommodell
1915	Hans Arps Zufallstechnik	Einstein: Allgemeine Relativitätstheorie
1919	Das Bauhaus wird eröffnet	Rutherford: Atomumwandlung
1922	James Joyce: *Ulysses*	Entdeckung des Insulins
1924	Breton: Surrealistisches Manifest	Welle-Teilchen-Dualismus der Materie
1925	Kafka: *Der Prozess*	Heisenberg: Matrizenmechanik
1927	Heidegger: *Sein und Zeit*	Heisenberg: Unbestimmtheit
1929	Breton: *Der andalusische Hund*	Hubbel entdeckt Expansion des Kosmos
1930	Eschers optische Illusionen	Pauli postuliert Neutrino
1931	Dalí: *Die fließende Zeit*	Dirac postuliert Antimaterie
1932	Huxley: *Schöne neue Welt*	Entdeckung des Neutrons
1934	Einstein: *Mein Weltbild*	Postulierung eines Mesons
1938	Man Ray: *Zufall (Chance)*	Entdeckung der Kernspaltung
1939	Jünger: *Auf den Marmorklippen*	Einstein schreibt an Roosevelt
1942	Brecht: *Leben des Galilei*	Fermis erste Kettenreaktion
1946	Gründung der UNESCO	Atombombenversuche
1947	Pollock: Tropfenbilder	Idee der Urknalltheorie
1950	Albers: *Hommage an das Quadrat*	REM-Schlaf entdeckt
1953	Beckett: *Warten auf Godot*	Doppelhelix aus DNA
1957	Kerouac: *Unterwegs*	Der Start des Sputnik
1959	Capote: *Frühstück bei Tiffany*	Entdeckung des Mößbauers-Effekts

Anmerkungen

1 »War das gestern oder war 's im vierten Stock?«

1 Rainer Maria Rilke, *Über moderne Malerei,* Leipzig 2000, S. 86.

2 Zitiert nach Albrecht Fölsing, *Albert Einstein,* Frankfurt a. M. 1993, S. 576.

3 Das Zitat heißt in voller Länge: »Wenn ich ein Buch über die Physik von Einstein lese, von dem ich kein Sterbenswörtchen verstehe, so macht das nichts; auf diese Weise verstehe ich etwas anderes.« Ich danke Antonie Huber aus Passau für den Hinweis auf dieses Zitat.

4 Nachzulesen in Wilfried Wiegands Beschreibung von Picassos Leben in der Reihe der Rororo Monographien; Picasso wird diese verächtliche Formulierung sogar zweimal zugeschrieben. In einem 1954 in Zürich erschienenen Buch mit dem Titel *Wort und Bekenntnis* sagt er: »Man hat den Kubismus mathematisch, geometrisch, psychoanalytisch zu erklären versucht«, um erneut höhnisch hinzuzufügen, »das ist pure Literatur«. Die letzten Worte meint Picasso offenbar als Beschimpfung.

5 Siehe Georges Méliès, »Das kinematographische Bild«, in: *Geschichte der Filmtheorie. Kunsttheoretische Texte von Méliès bis Arnheim,* hg. von Helmut H. Diederich, Frankfurt a. M. 2004, S. 31–43.

6 Willi Baumeister, *Das Unbekannte in der Kunst,* Stuttgart 1947, S. 18.
7 Ich danke Matthias Buschle für den Hinweis auf diese Formulierung.
8 Vgl. dazu Rudolf Kippenhahn, *Amor und der Abstand zur Sonne,* München 2001; darin das Kapitel »Geister aus der Vierten Dimension«.
9 Cees Nooteboom, *Die folgende Geschichte,* Frankfurt a. M. 1991, S. 46f.
10 Albert Einstein, »Zur Elektrodynamik bewegter Körper«, in: *Annalen der Physik,* Band 17, S. 891f.
11 Vgl. Lynn Gamwell, *Exploring the Invisible,* Princeton 2002, S. 187.
12 Wilfried Wiegand, *Picasso,* Reinbek 2002, S. 10.
13 W. Wiegand, a. a. O., S. 18.
14 W. Wiegand, a. a. O., S. 22.
15 W. Wiegand, a. a. O., S. 36.

2 Im Brunnen der Vergangenheit

16 Zitiert nach Ingo F. Walther, *Picasso,* Köln 1999, S. 51.
17 Ernst Gombrich, *Die Geschichte der Kunst,* Frankfurt a. M. 1996, S. 573f.
18 Albert Einstein, »Autobiographisches«, in Paul A. Schilpp (Hg.), *Albert Einstein als Philosoph und Naturforscher,* Stuttgart 1949, S. 4.
19 Wen das Thema interessiert, sei auf mein Buch *Die Bildung des Menschen* hingewiesen (Berlin 2004).
20 Der Blick durch das Teleskop hat philosophische Gemüter so beeindruckt, daß sie gelegentlich schon mal vom »Teleoskop« sprachen.

3 Ins Imaginäre schreiten

21 Wer sich für Details interessiert, sei auf das leider etwas sehr mathematisch gehaltene Buch von Paul J. Nahin, *An Imaginary Tale – The Story of* $\sqrt{-1}$, Princeton 1998, verwiesen.

22 Die Fußnote findet sich auf S. 637 des 64. Stücks des *Göttingischen Gelehrten Anzeigers* mit dem Datum des 23. April 1831; der Text von Gauß beginnt auf S. 625 und endet auf S. 638; ich verdanke diesen Fund dem Leiter des Göttinger Seminars für Slavische Philologie, Prof. Werner Lehfeldt.

23 Zitiert nach Detlef Laugwitz, *Bernhard Riemann 1826–1866*, Basel 1996, S. 239.

24 Die Kontroverse wurde ausführlich analysiert von R. Steven Turner in: *In the Mind's Eye-Vision and the Helmholtz-Hering Controversy*, Princeton 1994.

25 Michael Heidelberger, »Innen und Außen in der Wahrnehmung«, in: Olaf Breidbach und Karl Clausberg (Hg.), *Video Ergo Sum,* Interface 4, Hans-Bredow-Institut, Hamburg 1999, S. 147–157.

26 William James, *The Principles of Psychology*, New York 1890 (Neuauflage 1950), Band II, S. 101.

27 Zitiert bei Ingo F. Walther, *Picasso,* Köln 1999, S. 62.

28 Ernst H. Gombrich, *Die Geschichte der Kunst*, Frankfurt a. M. 1996, S. 539.

29 Gombrich, a. a. O., S. 539.

30 Zitiert bei Jürgen Neffe, *Einstein*, Reinbek 2005, S. 79; ich verdanke dem Buch von Neffe den Hinweis auf das Werk von Eberty.

31 Dazu mehr in Arthur I. Miller, *Einstein, Picasso – Space, Time and The Beauty That Causes Havoc,* New York 2001, vor allem S. 101–103.

32 Mehr dazu in Peter Galison, *Einsteins Uhren, Poincarés Karten – Die Arbeit an der Ordnung der Zeit,* Frankfurt a. M. 2003.

4 Nach den Wunderjahren

33 Vgl. die Abb. in dem Band *Kubismus* von David Cottington, Ostfildern 2002, S. 56f.

34 Zitiert bei W. Wiegand, *Picasso,* Reinbek 2002, S. 77.

35 Mehr zu dem Thema und den Quellen des Zitats in meinem Buch *Das Schöne und das Biest,* München 1997.

36 Alexander Grau, »Erkenntnislehre vom Dasein«, FAZ vom 2. 2. 2005, S. N3.
37 W. Wiegand, a. a. O., S. 79.
38 Alle Zitate aus Band 8 der *Gesammelten Schriften*, zwischen den Seiten 505 und 604.

5 Revolution mit Wirkung

39 In der Physik spricht man seitdem von der Bose-Einstein-Statistik; sie ist in den letzten Jahren bekanntgeworden, weil es für den Nachweis einer ihrer Voraussagen – die sogenannte Bose-Einstein-Kondensation – den Nobelpreis für Physik gegeben hat.
40 Magdalena M. Moeller, *Der Blaue Reiter*, Köln 2003, S. 31.
41 Die Herkunft des Zitates und seine Bedeutung wird ausführlich dargestellt in meiner Biographie von Werner Heisenberg, *Das selbstvergessene Genie*, München 2001.
42 *Pariser Visionen: Robert Delaunays Serien*, Katalog, Ostfildern 1997, S. 129.
43 *Brennpunkt der Moderne. Der Blaue Reiter in München*, hg. von Rosel Gollek, München 1989, S. 26.
44 Heisenberg hat die kreativen Tage auf Helgoland in seiner Autobiographie *Der Teil und das Ganze* ausführlich beschrieben (zu Beginn des 5. Kapitels); sein dortiges Einheitserlebnis wird genauer analysiert in meinem Buch, *Werner Heisenberg – Das selbstvergessene Genie*, München 2001.
45 Werner Heisenberg, *Der Teil und das Ganze*, München 1969, S. 88/89.
46 Fred A. Wolf, *Die Träume der Physik*, Berlin 1995, S. 53.
47 Zitiert bei Gottfried Boehm, *Willi Baumeister*, Stuttgart 1995, S. 13f.
48 Zitiert bei G. Boehm, a. a. O., S. 31.
49 G. Boehm, a. a. O., S. 33.
50 Der Aufsatz trägt den deutschen Titel »Perspektive als symbolische Form«; auf ihn beruft sich Lynn Gamwell, *Exploring the Invisible*, Princeton 2002, S. 73.
51 Werner Heisenberg, *Gesammelte Werke, Abt. C, Allgemeinverständliche Schriften*, 5 Bände, München 1984–1989.

52 Mehrere Zitate aus Werner Heisenberg, »Die Tendenz zur Abstraktion in moderner Kunst und Wissenschaft«, in: *Gesammelte Werke, Abt. C,* Band III, München 1985, S. 359–368.

6 Am Grund der Formen

53 Zitiert nach Wilfried Wiegand, *Picasso,* Reinbek 2002, S. 71.

54 Die folgenden Kepler-Zitate nach C. G. Jung/Wolfgang Pauli, *Naturerklärung und Psyche,* Zürich 1952, S. 120, 125, 132.

55 Vgl. dazu mein Buch *Die Bildung des Menschen,* Berlin 2004, Kapitel 4.

56 Ingo Rentschler, Terry Caelli und Lamberto Maffei, »Focusing on Art«, in: Ingo Rentschler et al. (Hg.), *Beauty and the Brain,* Basel 1988, S. 181–216.

57 Zitiert in Lynn Gamwell, *Exploring the Invisible,* Princeton 2002, S. 235.

58 Ernst Peter Fischer, *Brücken zum Kosmos,* Lengwil 2004, S. 39.

59 Franz Schubert, *Briefe,* Frankfurt a. M. und Leipzig 1996, S. 13.

60 Werner Heisenberg, *Gesammelte Werke,* Band CIII, München 1985, S. 341–349. Darin auf S. 347 das folgende lange Zitat.

7 Innere und äußere Augen

61 Martin Walser, *Die Verwaltung des Nichts,* Reinbek 2004, S. 24.

Personenregister

A

B

C

D

Bildnachweis

S. 18: © Succession Picasso/VG Bild-Kunst, Bonn 2005
S. 21: akg-images, Berlin;
© Succession Picasso/VG Bild-Kunst, Bonn 2005
S. 23: © Succession Picasso/VG Bild-Kunst, Bonn 2005
S. 154: © VG Bild-Kunst, Bonn 2005
S. 155: © Succession Picasso/VG Bild-Kunst, Bonn 2005
S. 180: akg-images, Berlin;
© VG Bild-Kunst, Bonn 2005
S. 181: oben: akg-images, Berlin;
© VG Bild-Kunst, Bonn 2005
S. 181: unten: © VG Bild-Kunst, Bonn 2005
S. 191: oben und unten:akg-images, Berlin;
© 2005 Mondrian/Holtzmann Trust c/o HCR International Warrenton VA USA